SIEGBERT ORLOWSKI UND WALTER SIBBERTSEN

STATISTIK II

GRUNDLAGEN DER STATISTIK
ZWEITER TEIL

demmig verlag KG

CIP-Kurztitelaufnahme der Deutschen Bibliothek

Orlowski, Siegbert:
Statistik : Grundlagen der Statistik / Siegbert Orlowski u. Walter Sibbertsen, – Nauheim : Demmig
(Demmig-Bücher zum Lernen und Repetieren : Mathematik : Repetitorien)

NE: Sibbertsen, Walter:

Teil 2 (1985).
ISBN 3-921092-53-1

Inhalt Statistik Teil I

Inhalt Statistik Teil II

Inhalt Statistik Teil III

Seite

Verzeichnis häufig verwendeter Formelzeichen

A	Merkmal
a	Konstante, Hilfswert
$\tilde{a}$	Anpassungsgröße
B	Merkmal
b	Konstante
$\tilde{b}$	Anpassungsgröße
C	Merkmal, Normierungsgröße
c	Konstante
$C_N^{(n)}$	Kombination
D	Zufallsvariable einer Differenz
d	Empirische Differenz, Schätzwert für Parameter
e	Effizienz
F	Variable der Fischer-Verteilung
F(x)	relative Summenhäufigkeit
f(x)	relative Häufigkeitsdichte
g_1	empirische Schiefe
g_2	empirische Wölbung
H(x)	absolute Summenhäufigkeit
h(x)	absolute Häufigkeitsdichte
i	beliebige Zahl, Index
j	beliebige Zahl, Index

K	beliebige Zahl
k	beliebige Zahl, Index, Klassenzahl
l	Anzahl der verschiedenen Stichproben
M	Anzahl der Elemente eines Merkmals in der Grundgesamtheit
m	Anzahl der Elemente eines Merkmals in der Stichprobe Hilfsgröße, Rang
m_k	Moment k-ter Ordnung
$M\{\}$	Erwartungswert
N	Anzahl der Elemente der Grundgesamtheit
n	Anzahl der Elemente einer Stichprobe
n_j	absolute Besetzungszahl
NV ( )	Normalverteilung
P	Wahrscheinlichkeit in der Grundgesamtheit
p	Wahrscheinlichkeit in der Stichprobe, relative empirische Besetzungszahl
$P_N^{(1)}$	Permutation
R	Spannweite
S	statistische Sicherheit, einseitig
$\check{S}$	statistische Sicherheit, zweiseitig
s	Standardabweichung der Elemente einer Stichprobe bei unbekanntem Erwartungswert
$\check{s}$	Standardabweichung der Elemente einer Stichprobe bei bekanntem Erwartungswert

t	Variable der Student-Verteilung, Integrationsvariable
u	standardisierte Variable
v	Variable der logarithmischen NV zur Basis e
$V\{\}$	Varianz
$V_N^{(n)}$	Variation
W	Wahrscheinlichkeit
w	Klassenweite
w	Variable der logarithmischen NV zur Basis 10
X	Zufallsvariable
$\vec{X}$	Zufallsstichprobenvektor
x	Stichprobenwert
$\vec{x}$	empirischer Stichprobenvektor
$\bar{x}$	arithmetischer Mittelwert einer Stichprobe
$x_{[100F]}$	Quantile
x_A	kleinster Wert in der Grundgesamtheit
x_E	größter Wert in der Grundgesamtheit
x_O	oberer Schwellenwert
x_U	unterer Schwellenwert
x_{Max}	lage des relativen Maximums einer Dichteverteilung

x_{50}	Zentralwert, Median
x'_j	Klassengrenzen
x''_j	Klassenmitten
Y	Zufallsvariable
y	Einzelwert einer Zufallsvariablen
Z	Zufallsvariable
z	Stichprobenwert, Hilfsgröße
α	Irrtumswahrscheinlichkeit, Irrtums-Niveau
Γ	Gamma-Funktion
γ_1	Schiefe
γ_2	Wölbung
δ	Parameterwert
ε	kleine Größe, Ungenauigkeit
λ	Konstante
μ	Erwartungswert
ν	Freiheitsgrad
Π	Anteilswert in der Grundgesamtheit
ϱ	Korrelationskoeffizient
σ	Standardabweichung der Grundgesamtheit
σ^2	Varianz der Grundgesamtheit
$\emptyset$	Summenfunktion
φ	Häufigkeitsdichte, Funktion

4. Parameterschätzung mit Hilfe von Stichproben

4.1 Allgemeines

Bei den mit Hilfe der Methoden der Statistik zu lösenden Aufgaben der Parameterschätzung geht man von einer definierten Grundgesamtheit des Umfanges N - z.B. der Grundgesamtheit aller Studenten in der Bundesrepublik Deutschland - aus und sucht die Verteilung einschließlich ihrer Parameter einer charakteristischen Größe, einer Zufallsvariablen X dieser Grundgesamtheit. Die Zufallsvariable X kann z.B. die Länge der Studenten sein. Prinzipiell kann es möglich sein, alle Werte der Zufallsvariablen zu bestimmen und dann daraus den Verteilungstyp - z.B. Gauß-Verteilung - und die Parameter - z.B. den Erwartungswert und die Varianz σ^2 - genau zu berechnen. Diese Methode ist oft sehr zeitaufwendig und verbietet sich zum Beispiel bei Lebensdaueruntersuchungen von selbst. Stattdessen entnimmt man der Grundgesamtheit nur eine Stichprobe des Umfanges n, bestimmt an den Elementen der Stichprobe die Werte der charakteristischen Abmessungen x_i und ermittelt mit Hilfe der Methoden der Wahrscheinlichkeitslehre ein nichttriviales Intervall - z.B. Betrag des Erwartungswertes kleiner unendlich wäre trivial - für die Werte der Parameter und eventuell auch den Verteilungstyp. Dieses Verfahren, bei dem ein Schluß von der Stichprobe auf die Parameter der Grundgesamtheit erfolgt, heißt Parameterschätzung mit Hilfe von Stichproben.

Damit diese Methoden der Wahrscheinlichkeitslehre bei Parameterschätzungen angewendet werden dürfen, müssen die zur Berechnung herangezogenen Elemente aus einer zufälligen und unabhängigen Stichprobe entstammen. "Zufällig" bedeutet, daß jedes Element der Grundgesamtheit eine von Null verschiedene Wahrscheinlichkeit besitzt, Element der Stichprobe zu werden, und "unabhängig" bedeutet, daß das Ergebnis einer Messung nicht das Ergebnis anderer Messungen beeinflussen darf.

Wenn die Voraussetzungen einer unabhängigen Zufallsstichprobe gegeben sind, müssen Vorschriften für die Berechnung "guter" Schätzwerte der Parameter erstellt werden.

Die Festlegung der Kriterien, was gute Schätzwerte sind, erfolgte weitgehend durch R.A. Fischer in den Jahren 1921, 1938. Eine Gesamtdarstellung dieser Theorie würde den Umfang dieses Buches erheblich übersteigen, es wird deshalb auf die weiterführende Literatur verwiesen. Hier wird nur eine kurze Erklärung einiger wichtiger Begriffe gegeben.

Bei den folgenden Erläuterungen wird symbolisch für den wahren Wert eines Parameters der Grundgesamtheit der Buchstabe ϑ , für dessen Schätzwert bestimmt aus einer Stichprobe d verwendet. Die n Werte einer einzelnen Stichprobe werden im Stichprobenvektor

$\vec{x} = (x_1; x_2; \ldots; x_n)$

zusammengefaßt. Sie sind Realisierungen der Zufallsgröße Stichprobenvektor

$\vec{X} = (X_1; X_2; \ldots; X_n)$

Will man den Wert eines Parameters ϑ der Grundgesamtheit abschätzen, so muß man mit Hilfe einer geeigneten, in ihren Eigenschaften noch festzulegenden Rechenvorschrift, einer Stichprobenfunktion φ_n, aus den n Elementen $\vec{x}_i = (x_1; x_2; \ldots x_n)_i$, einer Stichprobe den Wert d_i als Schätzwert für ϑ bestimmen.

$$d_i = \varphi_n (\vec{x}_i)$$

Der Index n gibt an, daß φ_n eine Funktion von n Variablen ist. Wiederholt man nun die Messungen mehrfach, so wird man unterschiedliche Werte d_i zu den im allgemeinen unterschiedlichen n-Tupeln $\vec{x}_i$ verschiedener Stichproben finden. Die verschiedenen Werte von d_i bilden eine Verteilung abhängig von den Zufallsvariablen $X_1; \ldots; X_n$

$$\varphi(d) = \varphi_n (X_1; X_2; \ldots; X_n) = \varphi_n(\vec{X})$$

wobei $\varphi_n(\vec{X})$ wiederum eine Zufallsvariable ist. Um aber gute Schätzwerte für ϑ zu erhalten, muß $\varphi_n(\vec{X})$ gewisse Forderungen an die Erwartungstreue, die Konsistenz und die Effizienz erfüllen.

Eine Schätzfunktion $\varphi_n(\vec{X})$ heißt erwartungstreu bezüglich des Parameters ϑ der Grundgesamtheit, wenn für den Erwartungswert der betreffenden Schätzung gilt:

$$M\left\{\varphi_n(\vec{X})\right\} = M\left\{\varphi(d)\right\} = M\left\{d\right\} = \vartheta$$

Entnimmt man nach dem gleichen Meßprinzip aus einer Grundgesamtheit mehrere unabhängige Zufallsstichproben des gleichen Umfanges n und berechnet sich aus den nach der gleichen Rechenvorschrift ermittelten Werten d_i den Erwartungswert $M\{d\}$, so strebt dieser Wert mit steigender Anzahl von Stichproben gegen einen festen Wert.

Für den Fall, daß der Erwartungswert $M\{d\}$ gleich dem zu schätzenden Parameter ϑ ist, liegt eine erwartungstreue, verzerrungsfreie Schätzfunktion vor.

Sollte der Erwartungswert der Verteilung der Schätzwerte nicht mit zunehmender Anzahl von Stichproben gegen den wahren Wert ϑ der Grundgesamtheit, sondern gegen einen anderen Wert streben, so spricht man von verzerrten Schätzungen. Den Unterschied $M\{d\} - \vartheta$ nennt man Verzerrung oder auch Bias.

Bei den verschiedenen Ursachen für die Verzerrungen unterscheidet man zwischen Verzerrungen, die abhängig vom Probenumfang n sind und gegen Null streben, wenn $n \to \infty$ strebt, und solchen Verzerrungen, die aus systematischen Fehlern der Meßmethode herrühren. Während sich die Größe der ersten Fehlerart meistens durch mathematische Verfahren berechnen läßt, muß die zweite Fehlerart durch Änderung der Meßmethode behoben werden. Ausführliche Darstellungen hierzu findet man in der Literatur der Meßtechnik.

Zwei für die Anwendungen wichtige erwartungstreue Schätzfunktionen sind die folgenden. Wie im Band 1 gezeigt, liefert die Rechenvorschrift

$$\bar{x} = \frac{1}{n} \sum_{i=1}^{n} x_i \qquad \text{(Kapitel 3.6.2.1)}$$

einen erwartungstreuen Schätzwert für μ und die Rechenvorschrift

$$s^2 = \frac{1}{n-1} \sum_{i=1}^{n} (x_i - \bar{x})^2 \qquad \text{(Kapitel 3.6.2.3)}$$

einen erwartungstreuen Schätzwert für die Varianz σ^2 der Grundgesamtheit bei unbekanntem Erwartungswert μ.

Die Konsistenz einer erwartungstreuen Schätzfunktion für den Parameter ϑ hat Bedeutung für Stichproben mit endlichem Umfang n. Die Definitionsgleichung für die Konsistenz gibt das sogenannte schwache Gesetz der großen Zahlen wieder: Die Wahrscheinlichkeit dafür, daß der Absolutwert der Differenz von

Schätzung und wahrem Parameterwert größer ist als eine beliebig kleine Zahl ε , strebt mit wachsendem Stichprobenumfang gegen Null.

$$\lim_{n \to \infty} P(| M\{d\} - \vartheta | > \varepsilon) = 0 \text{ für } \varepsilon > 0$$

Eine Schätzfunktion ist immer dann konsistent, wenn die Folge der Realisierungen des Parameters durch die Stichprobenwerte d_1, d_2, ... stochastisch gegen ϑ konvergiert. Notwendige und hinreichende Bedingung für die Kosistenz einer Schätzfunktion ist, daß

$$\lim_{n \to \infty} V\left\{ \varphi_n(\vec{X}) \right\} = 0$$

Mit Hilfe des Konsistenzkriteriums kann man zeigen, daß Parameter, die unabhängig vom Probenumfang sind und deren Varianz erfahrungsgemäß mit 1/n stochastisch gegen Null strebt, konsistent sind. Analoges gilt für Parameter, die sich proportional zu n, n^2, ... verändern, wenn man sie nicht selbst, sondern durch n, n^2, ... dividierten Größen als Schätzwerte betrachtet.

<u>Beispiel:</u> Man zeige, daß die Schätzfunktion

$$\bar{X} = \frac{1}{n} \sum_{i=1}^{n} X_i$$

für den arithmetischen Mittelwert konsistent ist.

Nach Kap. 3.6.2.1.1 besitzt die Verteilung $\varphi(\bar{X})$ die Varianz $V\{\bar{X}\} = \sigma^2/n$.

$$\text{Da} \lim_{n\to\infty} V\{X\} = \lim_{n\to\infty} \frac{\sigma^2}{n} = 0$$

ist die Schätzfunktion konsistent.

<u>Beispiel:</u> Man zeige, daß die Schätzfunktion

$$s^2 = \frac{1}{n-1} \sum_{i=1}^{n} (X_i-\bar{X})^2$$

für die Varianz bei unbekanntem Erwartungswert μ konsistent ist.

Nach Kap. 3.6.2.3 gilt für die Varianz der Verteilung $\varphi(s^2)$ die Gleichung $V\{s^2\} = 2\sigma^4/(n-1)$

$$\text{Da} \lim_{n\to\infty} V\{s^2\} = \lim_{n\to\infty} \frac{2\sigma^4}{n-1} = 0$$

ist die Schätzfunktion konsistent.

Damit gilt für die beiden häufig benutzten Schätzfunktionen bei konstanter und endlicher Varianz σ^2 der Grundgesamtheit, daß sie konsistent sind. Die Abb. 20 und 24 im Band 1 veranschaulichen graphisch diese Tatsache.

Wenn es für die Schätzung eines Parameters mehrere erwartungstreue und konsistente Schätzfunktionen $\varphi_n^{(1)}(\vec{X})$, $\varphi_n^{(2)}(\vec{X})$, ... geben sollte, wird man bei Anwendungen derjenigen Schätzfunktion den Vorrang geben, bei der bei mehrfacher Realisierung des Parameterwertes durch Stichproben die Schätzwerte in dem kleineren Intervall um den wahren Parameterwert liegen. Diese Schätzfunktionen bezeichnet man als die wirksamste oder effizienteste.

Eine erwartungstreue und konsistente Schätzfunktion $\varphi_n^{(1)}(\vec{X})$ ist dann die wirksamste oder effizienteste, wenn es keine andere Schätzfunktion $\varphi_n^{(2)}(\vec{X})$ für den Parameter ϑ mit einer kleineren Varianz bei konstantem n gibt.

$$V\left\{\varphi_n^{(1)}(\vec{X})\right\} < V\left\{\varphi_n^{(2)}(\vec{X})\right\}$$

Als Effizienz bezeichnet man den Grenzwert

$$e = \lim_{n \to \infty} \frac{V\left\{\varphi_n^{(1)}(\vec{X})\right\}}{V\left\{\varphi_n^{(2)}(\vec{X})\right\}}$$

Kennt man für die Schätzung eines Parameters zwei verschiedene Schätzfunktionen mit unterschiedlichen Varianzen, so kann man mit Hilfe des Quotienten e das Verhältnis der Stichprobenumfänge n_1 und n_2 berechnen, die notwendig sind, damit man mit den unterschiedlichen Verfahren ermittelten Schätzwerte mit gleicher Ungenauigkeit, besser gleicher Präzision (DIN 51848) bestimmen kann.

$$e = n_1/n_2$$

<u>Beispiel:</u> Man berechne den Stichprobenumfang n_2, der notwendig ist, um bei einer symmetrischen Verteilung den Erwartungswert $M\{X\}$ mit Hilfe des Medians X_{50} mit der gleichen Präzision zu bestimmen, wie es mit Hilfe des arithmetischen Mittelwertes $\bar{X}$ bei einem Stichprobenumfang n_1 möglich ist.

Bei symmetrischer Verteilung kann man den Erwartungswert $M\{X\}$ sowohl durch $\bar{X}$ als auch durch X_{50} schätzen, wobei die Bestimmung von X_{50} im allgemeinen weniger aufwendig ist als die Bestimmung von $\bar{X}$.

Die Varianz der Verteilung $\varphi(\bar{X})$ ist

$$V\{\bar{X}\} = \sigma^2/n.$$

Die Varianz der Verteilung von $\varphi(X_{50})$ wird hier nicht hergeleitet. Sie beträgt für den Fall, daß die Grundgesamtheit $NV(\mu\ ;\ \sigma^2)$ verteilt ist für große Stichprobenumfänge

$$V\{X_{50}\} = \frac{\pi}{2}\ \frac{\sigma^2}{n}$$

Zur Berechnung der Effizienz bildet man

$$e = \lim_{n \to \infty} \frac{V\{\bar{X}\}}{V\{X_{50}\}} = \frac{\sigma^2}{n}\ \frac{2}{\sigma^2}\ \frac{n}{\pi} = 0{,}64$$

Damit gilt $n_1 = 0{,}64\ n_2$.

Dieses Ergebnis bedeutet, daß man einen Erwartungswert z.B. mit einem Stichprobenumfang $n_1 = 640$ und der Stichprobenfunktion für den arithmetischen Mittelwert mit der gleichen Präzision schätzt wie bei einem Stichprobenumfang von $n_2 = 1000$ und der Stichprobenfunktion für den Median.

Ohne Beweis wird hier mitgeteilt, daß für die Bestimmung des Erwartungswertes $M\{X\} = \mu$ die Rechenvorschrift für den arithmetischen Mittelwert $\bar{X}$, für die Bestimmung des Erwartungswertes $V\{X\} = \sigma^2$ die Rechenvorschrift für s^2 die wirksamsten sind.

Sollen mit Hilfe von Stichproben auch der Verteilungstyp der in der Grundgesamtheit vorliegenden Verteilungsfunktion $\emptyset(x)$ geschätzt werden, so bestimmt man die empirische Summenhäufigkeitskurve $F(x)$. $F(x)$ gibt in Analogie zur Summenwahrscheinlichkeitsfunktion (vgl. Kap. 3.2 und 3.3) die Summe der relativen Häufigkeiten aller Stichprobenwerte an, die kleiner oder gleich x ausfallen. $F(x)$ wird bei jeder Stichprobe eine etwas andere Form annehmen und ist deshalb eine vom Zufall abhängige Funktion. Für stetige Funktionen $\emptyset(x)$ konvergiert nach Sätzen von Glivenko, Cantelli, Kologoroff die Verteilungsfunktion $F(x)$ mit größer werdenden Werten von n gleichmäßig gegen die Funktion $\emptyset(x)$ und ist damit eine geeignete Stichprobenfunktion zur Schätzung der Verteilung der Grundgesamtheit.

4.2 Stichprobenverfahren

Das Ziehen von Stichproben und deren Auswertung werden durchgeführt, um aus den Kenntnissen über die Eigenschaften eines bestimmten Merkmals in der Stichprobe Schlüsse auf die Eigenschaften dieses Merkmals in der Grundgesamtheit ziehen zu können. Solange der Umfang der Stichprobe n kleiner als der Umfang N der Grundgesamtheit ist, sind Schlüsse von den Merkmalen der Elemente eines Teils der Grundgesamtheit auf die Merkmale in der Grundgesamtheit nicht mit absoluter Sicherheit möglich. Damit aber wenigstens Wahrscheinlichkeitsaussagen über die Genauigkeit der errechneten Daten der Grundgesamtheit angebbar sind, müssen die n Elemente der Stichprobe nach bestimmten, den Zufall nutzenden Verfahren ausgewählt werden und unabhängig voneinander sein.

In der Praxis unterscheidet man zwischen den Verfahren der zufälligen und der bewußten Auswahl.

Die Verfahren der bewußten Auswahl haben bei der Ermittlung von Kennzahlen z.B. durch Befragungsinstitute Bedeutung. Da aber diese Verfahren, zu denen u.a. Stichproben nach dem Quotensystem, dem Konzentrationsprinzip gehören, nicht oder nur in begrenztem Maße Auswertungen mit den Methoden der Wahrscheinlichkeitsrechnung zulassen, werden sie in diesem Buch nicht behandelt.

Stichproben, deren n Elemente nach den Prinzipien der zufälligen Auswahl bestimmt werden, heißen Zufallsstichproben.

Eine Stichprobe ist dann eine Zufallsstichprobe, wenn jedes Element der Grundgesamtheit eine berechenbare und von Null verschiedene Wahrscheinlichkeit besitzt, Element der Stichprobe zu werden. Die Wahrscheinlichkeiten verschiedener Elemente der Grundgesamtheit, Teil der Stichprobe zu werden, müssen nicht notwendigerweise gleich sein.

Stichprobenverfahren, bei denen jedes Element der Grundgesamtheit die gleiche von Null verschiedene Wahrscheinlichkeit besitzt, Element der Stichprobe zu werden, heißen uneingeschränkte Zufallsstichprobenverfahren. Die beiden für die Anwendungen wichtigsten Verfahren sind in Stichprobenverfahren analog dem Urnenmodell ohne bzw. mit Zurücklegen realisiert. Bei diesen kann man mit Hilfe der in Band 1, Kap. 3.6.1, hergeleiteten Formeln die Wahrscheinlichkeit dafür berechnen, daß ein besonderes Element x_B gerade das i-te Element der Stichprobe ist.

Für Stichproben mit Zurücklegen gibt es nach dem in 3.6.1 für die Variationen mit Wiederholung Gesagten,

$$V_{N,\,W}^{(n)} = N^n$$

Variationen aus N Elementen Stichproben vom Umfang n

zu ziehen und von diesen ist bei

$$V_{N,W}^{(n-1)} = N^{n-1}$$

Stichproben das i-te Element gerade x_B. Damit ist nach der früher erfolgten Definition die Wahrscheinlichkeit dafür, daß das i-te Element x_B ist:

$$P_W(x_B) = \frac{N^{n-1}}{N^n} = \frac{1}{N}$$

Für Stichproben ohne Zurücklegen gelten die Formeln für Variation ohne Wiederholung. Es gibt

$$V_N^{(n)} = \frac{N!}{(N-n)!}$$

Variationen ohne Wiederholung aus N Elementen Stichproben vom Umfang n ohne Zurücklegen zu ziehen, von diesen sind bei

$$V_{N-1}^{(n-1)} = \frac{(N - 1)!}{[N-1-(n-1)]!} = \frac{(N - 1)!}{(N - n)!}$$

Stichprobenvektoren das i-te Element gerade x_B. Die Wahrscheinlichkeit dafür, daß das i-te Element gerade x_B ist, ergibt sich damit zu

$$P(x_B) = \frac{(N-1)!(N-n)!}{(N-n)!N!} = \frac{1}{N}$$

Wie die Rechnungen zeigen, sind sowohl bei dem Stichprobenverfahren analog dem Urnenmodell mit Zurücklegen als auch bei dem ohne Zurücklegen die Wahrscheinlichkeiten, daß ein Element x_B eine bestimmte Stelle in der Stichprobe einnimmt, für alle Elemente der Grundgesamtheit gleich. Beide Verfahren bewirken damit uneingeschränkte Zufallsstichproben.

Aus den Rechnung folgt, daß für beide Modelle der uneingeschränkten Zufallstichprobe die Wahrscheinlichkeitsverteilung für das Auftreten des Elementes x_B an der i-ten Stelle in der Stichprobe lautet

$$p(x_i) = \begin{cases} \frac{1}{N} \text{ für } x_i = x_B \\ 0 \text{ für } x_i \neq x_B \end{cases}$$

mit $i = 1,2,...n$; $B = 1,2,...N$.

Da die einzelnen Werte einer Stichprobe vom Zufall abhängen, kann man das untersuchte Merkmal auch als Zufallsvariable X auffassen, die die N verschiedenen Werte $x_B (B = 1,2,...N)$ annehmen kann. Damit besitzt diese Zufallsvariable die Wahrscheinlichkeitsfunktion

$$P(X) = \begin{cases} \frac{1}{N} \text{ für } X = x_B \\ 0 \text{ für } X \neq x_B \end{cases}$$

mit $B = 1,2,...,N$

Aus einem Vergleich von p mit P folgt, daß die Werte $x_i (i = 1,2,...n)$ alle gleiche Verteilungen besitzen wie die Zufallsvariable X in der Grundgesamtheit.

Die Verfahren zur Gewinnung uneingeschränkter Zufallsstichproben teilt man nach Hierarchien in ein- oder mehrstufige Verfahren auf. Beim einstufigen Verfahren entnimmt man der Grundgesamtheit eine Zufallsstichprobe von n Elementen und wertet diese aus. Von den vielen Möglichkeiten, einstufige Zufallsstichproben zu erstellen, sollen nur einige wenige hier genannt werden.

a) Die einzelnen Elemente der Grundgesamtheit oder den einzelnen Elementen zugeordnete Lose werden in einer Urne durchgemischt und dann werden n Elemente als repräsentative Elemente einer Stichprobe mit oder ohne Zurücklegen gezogen.

b) Die einzelnen Elemente der Grundgesamtheit werden von 1 bis N numeriert. Dann entnimmt man Tabellen oder erzeugt selbst z.B. mit Hilfe von zehnflächigen Körpern Zufallszahlen und entnimmt aus der Grundgesamtheit solange "gewürfelte" Elemente, bis man eine Stichprobe vom Umfang n hat.

c) Die Elemente werden wieder durchnumeriert und und man bestimmt z.B. jedes fünfte Element als Teil der Stichprobe, wobei der Startwert zufällig bestimmt werden muß.

Bei den mehrstufigen Verfahren ist die Gewinnung einer uneingeschränkten Zufallsstichprobe erheblich aufwendiger.

Wenn auch auf deren Auswertung in diesem Buch nicht eingegangen wird, soll das Prinzip mehrstufiger Zufallsstichproben hier dennoch kurz erläutert werden, Einzelheiten findet man in der weiterführenden Literatur.*)

Die Erzeugung einer m-stufigen Zufallsstichprobe kann man sich vorstellen durch ein Verfahren, bei dem in einer ersten Urne sich N_1 Urnen befinden, in diesen N_1 Urnen wiederum jeweils N_2 Urnen, in diesen jeweils N_3 Urnen usw. bis zu N_m Urnen in der m-ten Urne. Zur Gewinnung der m-stufigen Zufallsstichprobe zieht man aus der ersten Urne eine Stichprobe vom Umfang n_1 (einstufig), aus den in diesen n_1 Urnen enthaltenen "Unterurnen" neue Stichproben vom Umfang n_2 (zweistufig) usw. bis man zur m-ten Stufe kommt, um dann an den Elementen der m-ten Stufe die interessierenden Merkmalswerte zu bestimmen.

Neben dem Zufallscharakter der Stichprobe wird als Voraussetzung bei deren Auswertung die Unabhängigkeit der Beobachtungswerte voneinander verlangt.

*) Z.B. in: Statistisches Bundesamt, Stichproben in der amtlichen Statistik, Stuttgart, Mainz (1960)

Hierunter versteht man, daß die Wahrscheinlichkeit dafür, ein bestimmtes Element zu ziehen, unabhängig von den vorhergehenden Entnahmen ist. Bei endlicher Grundgesamtheit ist die Unabhängigkeit dann gegeben, wenn nach jeder Entnahme eines Elementes dieses nach dem Auswerten vor dem nächsten Zug wieder gut in die Grundgesamtheit eingemischt wird (Stichprobe mit Zurücklegen). Im Gegensatz hierzu sind bei endlicher Grundgesamtheit und einer Entnahme von Stichproben ohne Zurücklegen die möglichen Ergebnisse von den vorhergehenden Zügen abhängig, nur wenn die Grundgesamtheit unendlich groß ist, kann man hier auch von unabhängigen Ergebnissen ausgehen.

Bei den Ausführungen in den folgenden Kapiteln wird - falls nichts anderes ausdrücklich gesagt wird - unter einer Stichprobe immer eine uneingeschränkte, unabhängige, einstufige Zufallsstichprobe verstanden. Die Meßwerte $x_i (i = 1,2,...,n)$ sind Realisierungen der Zufallsvariablen X_i.

4.3 Aufbereitung von Beobachtungsmaterial

4.3.1 Allgemeines

Die als Einzelergebnisse einer Stichprobe vorliegenden Werte entstammen im allgemeinen einer Grundgesamtheit mit stetigem Merkmal (z.B. Körperlänge) oder diskretem Merkmal (z.B. Schulzensuren).

Zur Beschreibung der Ergebnisse einer solchen Stichprobe ist es in den wenigsten Fällen sinnvoll, alle Meßergebnisse einzeln aufzuführen.

Es empfiehlt sich vielmehr, durch eine Aufbereitung der Stichprobe solche Kennwerte zu bestimmen, die die Ergebnisse zusammenfassend beschreiben. Da der notwendige Aufwand dabei mit größer werdendem Stichprobenumfang erheblich zunimmt, verwendet man für die Auswertung abhängig vom anstehenden Stichprobenmaterial unterschiedliche Aufbereitungsverfahren.

Für die Aufbereitung von Stichproben kleinen Umfanges von stetigen Merkmalen verwendet man ein Verfahren ohne Klasseneinteilung, für die Aufbereitung von Stichproben großen Umfanges von stetigen Merkmalen und von diskreten Merkmalswerten benutzt man ein Verfahren mit Klasseneinteilung. Während sich eine Klasseneinteilung bei diskreten Merkmalswerten meistens von selbst anbietet (z.B. die Klasse Schulzensur "2"), bildet man sie bei stetigen Merkmalen weitgehend willkürlich. Hierbei muß man allerdings beachten, daß mit der Minderung des Rechenaufwandes durch die Wahl großer Klassenbreite eine Zunahme der Ungenauigkeit bei der Bestimmung der Parameter einhergeht.

Zur Festlegung der Grenze zwischen Stichproben kleinen und großen Umfanges wird in DIN 53804 vorgeschlagen, Stichproben mit $n \geqq 40$, in DIN 55302 Stichproben mit $n \geqq 50$ als Stichproben mit vielen Einzelwerten zu behandeln. Hieraus geht hervor, daß die Grenze nicht genau festgelegt ist. Die Tendenz geht aber u.a. wegen der Erleichterung der Rechenarbeit durch elektronische Rechner mit Statistikteil dahin, Stichproben erst bei höheren Werten von n zu klassieren, wenn man nur eine zahlenmäßige Ermittlung der Kenndaten anstrebt. So faßt man oft noch Stichproben mit 100 Einzelwerten als solche kleinen Umfanges auf.

4.3.2 Tabellarische und graphische Aufbereitung von Stichproben

4.3.2.1 Aufbereitung von Stichproben kleinen Umfanges

4.3.2.1.1 Urliste und Rangliste

Nachdem man die n Elemente der Stichprobe gezogen hat, bestimmt man an diesen die Merkmalswerte x_1; x_2; ...; x_i; ...; x_n der Variablen X oder, wenn man an jedem Element zwei oder mehr Merkmale vermißt, die Merkmalstupel x_1; y_i; ... . Die Indices 1; 2; 3; ...; i; ...; n geben hierbei die Reihenfolge an, in der die Meßwerte anfallen.

Die Folge der Zahlen x_1; ...; x_i; ...; x_n bezeichnet man als Urliste. Die Tabelle 25 zeigt eine solche Urliste des Stichprobenumfanges n = 12.

i	1	2	3	4	5	6	7	8	9	10	11	12
x_i	183	192	183	176	174	181	171	178	170	172	187	167

<u>Tab. 25:</u> Urliste

Eine solche Urliste ist wenig übersichtlich. Nur nach längerem Suchen kann man ihr z.B. den kleinsten Wert x_A, den größen x_E entnehmen. Oft wird man deshalb in einer neuen Liste die Meßwerte der Größe nach ordnen und bezeichnet die Wert dann mit

$$x_A = x_{(1)};\ x_{(2)};\ x_{(3)};\ \ldots;\ x_{(m)};\ \ldots;\ x_{(n)} = x_E$$

Man nennt die $x_{(m)}$ Ranggrößen. Die Ziffern $m = (1); (2); \ldots; (n)$ kennzeichnen Rang, Rangplatz oder Rangzahl.

(m)	(1)	(2)	(3)	(4)	(5)	(6)	(7)	(8)	(9)	(10)	(11)	(12)
$x_{(m)}$	167	170	171	172	174	176	178	181	183	183	187	192

Tab. 26: Rangliste

Die Tabelle 26 zeigt eine solche Rangliste. Sie ist durch Umordnen aus der Urliste Tab. 25 entstanden. Aus der Tabelle entnimmt man z.B. $x_{(1)} = x_A = 167$; $x_{(12)} = x_E = 192$.

4.3.2.1.2 Summenhäufigkeiten und graphische Darstellungen

Für die graphische Darstellung der Stichprobenergebnisse bieten sich in Analogie zu funktionalen Zusammenhängen bei Wahrscheinlichkeitsfunktionen (vgl. Kap. 3) der Graph der empirischen Häufigkeitsdichte oder der Graph der empirischen Summenfunktion an. Bei den beiden Graphentypen verwendet man nebeneinander als Ordinatenwerte absolute oder relative auf den Probenumfang bezogene Größen.

Die absolute empirische Summenkurve H(x) ist definiert als die Funktion, die jedem Wert von x die Anzahl der Meßwerte aus der Stichprobe zuordnet, deren Merkmale kleiner oder gleich x sind. Die relative empirische Summenkurve F(x) - im folgenden kurz Summenlinie genannt - ordnet jedem Wert x den relativen Anteil aller Werte der Stichprobe zu, die kleiner oder gleich x sind.

Bei nichtklassierten stetigen oder/und diskreten Merkmalen geht man zur Ermittlung der Summenkurve von den entsprechend ihrer Größe geordneten Werten $x_{(m)}$ der Stichprobe aus. Dabei stellt man fest, daß es trotz der verhältnismäßig einfachen Definition der Summenkurve für die Zuordnung der Meßwerte $x_{(m)}$ zu den Summenhäufigkeiten H(x) bzw. F(x) in der Literatur eine Vielzahl unterschiedlicher Gleichungen gibt.

Die einfachste Form für die Summenfunktion geben die folgenden Gleichungen (1) an.

$$H(x) = 0 \;;\quad F(x) = 0 \quad \text{für } x < x_{(1)}$$

$$H(x) = n \;;\quad F(x) = 1 \quad \text{für } x \geq x_{(n)} \qquad (1)$$

$$H(x) = m \;;\quad F(x) = m/n \quad \text{für } x_{(m)} \leq x < x_{(m+1)};$$

$$m = 1;\ 2;\ 3;\ \ldots;\ n$$

Diese Gleichungsform hat aber bei den Anwendungen und Deutungen der Graphen einige Nachteile, die bei einer etwas anderen Form (2) der Gleichung vermieden werden.

$$H(x) = m - 0{,}5;\ F(x) = \frac{m-0{,}5}{n} \quad \text{für } x_{(m)} \leq x < x_{(m+1)} \qquad (2)$$

$$m = 1;\ 2;\ 3;\ \ldots;\ n$$

Bei den Gleichungen (1), (2) werden über die Verteilung und Stetigkeit der Grundgesamtheit keinerlei Voraussetzungen getroffen. Ihre Graphen stellt man im allgemeinen als treppenförmige Linienzüge dar, die an den Stellen $x_{(m)}$ Sprünge aufweisen. Die jeweilige Sprunghöhe entspricht bei der absoluten empirischen Summenkurve H(x) gleich der Anzahl der Messungen mit dem Wert $x_{(m)}$, bei der relativen empirischen Kurve F(x) der auf den gesamten Stichprobenumfang bezogenen Anzahl. Diese Sprunghöhen werden in Analogie zur Wahrscheinlichkeitsdarstellung diskreter Merkmale in einem Strich- oder Stabdiagramm dargestellt und als Häufigkeitsverteilung f(x) aufgefaßt. Für das

Beispiel aus Tabelle 25 sind in Tabelle 27, Spalte 3 und 4, die Werte nach den Gleichungen (1) bzw. (2) für die relative Summenhäufigkeit errechnet und in Abb. 26 zusammen mit dem wenig aussagenden Stabdiagramm aufgezeichnet.

Für den Fall, daß die Merkmalswerte einer Grundgesamtheit mit einer stetigen Verteilung $\emptyset(x)$ entnommen sind, gibt es eine Anzahl weiterer Gleichungsansätze für F(x). Ein häufig verwendeter Ansatz ist zum Beispiel die Gleichung (3).

$$H(x_m) = \frac{m}{n + 1} \cdot n; \quad F(x_m) = \frac{m}{n + 1} \qquad (3)$$

Die Gleichung (3) liefert für einige Verteilungen der Grundgesamtheit die Standardabweichung nicht verzerrungsfrei. Deshalb wurden für den wichtigen Sonderfall, daß die Grundgesamtheit NV(μ ; σ^2) verteilt ist, weitere Formeln entwickelt. Häufig verwendet wird die tabellarische Darstellung von $F(x_{(m)})$ mit dem Parameter n von Henning/Wartmann.*) Die Tabellenwerte werden sehr gut durch die Gleichung (4) wiedergegeben.

$$H(x_m) = \frac{3m - 1}{3n + 1} \cdot n; \quad F(x_m) = \frac{3m - 1}{3n + 1} \qquad (4)$$

*) Henning, H.-J.; Wartmann, R.: Stichproben kleinen Umfangs im Wahrscheinlichkeitsnetz; Mittbl. f. math. Statistik 9 (1957), S. 168

Die den Gleichungen (3) und (4) zugeordneten Graphen zeichnet man wegen der vorausgesetzten Stetigkeit nicht als treppenförmigen Linienzug, sondern als die einzelnen Punkte verbinden Geradenzug.

1	2	3	4	5	6
m	$x_{(m)}$	Relative Summenhäufigkeiten F(x) nach Gleichung			
		(1)	(2)	(3)	(4)
1	167	0,083	0,042	0,077	0,054
2	170	0,167	0,125	0,154	0,135
3	171	0,250	0,208	0,231	0,216
4	172	0,333	0,292	0,308	0,297
5	174	0,417	0,375	0,385	0,378
6	176	0,500	0,458	0,462	0,459
7	178	0,583	0,542	0,538	0,541
8	181	0,667	0,625	0,615	0,622
9	183	0,750	0,708	0,692	0,702
10	183	0,833	0,792	0,769	0,784
11	187	0,917	0,875	0,846	0,865
12	192	1,000	0,958	0,923	0,946

Tab. 27: Relative Summenhäufigkeiten berechnet nach verschiedenen Gleichungen

In der Tabelle 27 sind auch die relativen Summenhäufigkeiten berechnet nach den Gleichungen (3) bzw. (4) aufgeführt. Die zugehörigen Graphen sind zum Vergleich mit in der Abb. 26 dargestellt.

Eine Beurteilung der Güte der einzelnen Gleichungen kann nur vom Anwendungsfall her entschieden werden, denn alle berechneten relativen Summenhäufigkeiten liegen innerhalb des Zufallstreubereiches, wie im Kapitel 4.3.3.1.2 am Beispiel gezeigt wird.

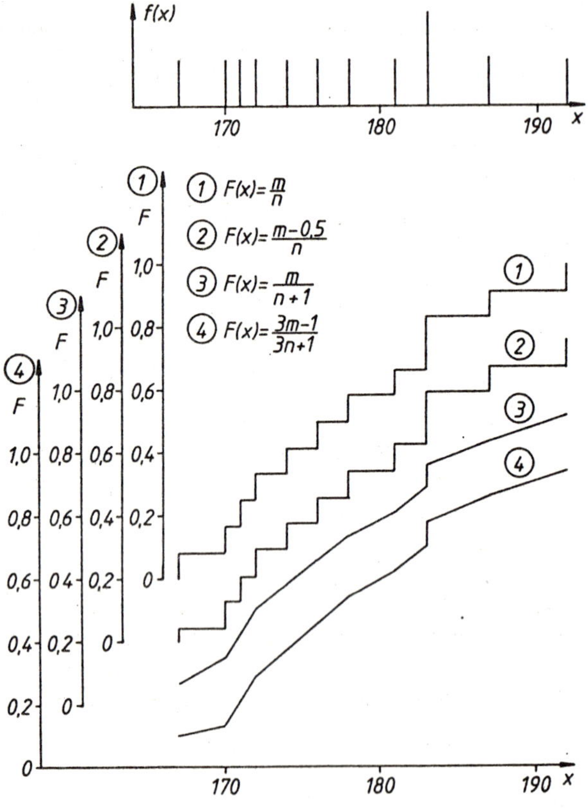

Abb. 26: Darstellung von Häufigkeitsdichte als Stabdiagramm und Summenkurven bei nicht-klassiertem Merkmal

4.3.2.2 Aufbereitung von Stichproben großen Umfanges

4.3.2.2.1 Urliste

Bei der Erstellung von Stichproben großen Umfanges zieht man n Elemente zufällig und unabhängig aus einer Grundgesamtheit, bestimmt an ihnen die Merkmalswerte x_i und trägt diese in eine Urliste ein. In Tab. 28 sind die 80 Meßwerte einer Stichprobe in

i	Meßwerte x_i				
1 bis 5	61	47	56	57	18
6 bis 10	34	63	45	50	59
11 bis 15	55	45	19	52	51
16 bis 20	37	51	58	69	69
21 bis 25	73	4	51	35	38
26 bis 30	48	61	50	62	74
31 bis 35	53	29	59	28	60
36 bis 40	55	68	60	76	40
41 bis 45	40	30	43	27	40
46 bis 50	72	87	66	60	63
51 bis 55	11	65	26	31	46
56 bis 60	80	37	71	62	70
61 bis 65	64	28	71	41	81
66 bis 70	52	56	39	56	42
71 bis 75	62	64	55	54	57
76 bis 80	36	90	22	59	52

Tab. 28: Urliste einer Stichprobe großen Umfanges

einer Urliste aufgeführt. Oft geht man allerdings auch so vor, daß gar keine Urliste in diesem Sinne erstellt wird, sondern die Meßwerte werden unmittelbar klassenweise zusammengefaßt. Das Stichprobenergebnis wird dann durch die Anzahlen n_j der den einzelnen Klassen zugeordneten Meßwerte wiedergegeben. Damit eine solche Klassierung vorgenommen werden kann, müssen jedoch zuvor die Abmessungen der Klassen bestimmt werden.

4.3.2.2.2 Klasseneinteilungen

Für die Klassierung von Merkmalswerten ist es notwendig, den möglichen Wertebereich der Meßwerte in k Klassen mit den Klassengrenzen x'_j $(j=0;1;2;...;k)$ zu zerteilen.

Damit eine eindeutige Zuordnung der Meßwerte zu den jeweiligen Klassen gewährleistet ist, muß festgegelegt werden, zu welcher Klasse ein mit einer Klassengrenze zusammenfallenden Meßpunktes gehören soll. Bei verschiedenen Anwendern werden solche Meßwerte der kleineren, der größeren oder auch je zur Hälfte beiden Klassen zugeordnet. Hier wird wie in DIN 55302 Blatt 1 vorgeschlagen, die Klassen halboffen zu definieren (vgl. Abb. 27) und die folgende Zuordnung zu verwenden:

Klasse j : $x'_j \leq x_i < x'_{j+1}$

Klasse j+1: $x'_{j+1} \leq x_i < x'_{j+1}$

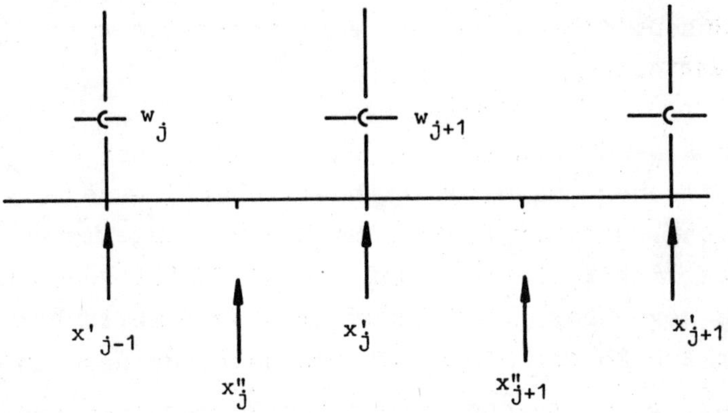

Abb. 27: Veranschaulichung der Begriffe zur Klassierung

Die Klassenbreite $w_j = x'_j - x'_{j-1}$ kann man weitgehend nach Zweckmäßigkeitsgründen wählen. Nur müssen bei dieser Wahl zwei gegenläufige Tendenzen beachtet werden. Eine Verminderung der Rechenarbeit verlangt breite und damit wenige Klassen. Eine möglichst geringe Minderung des Informationsgehaltes der Messungen durch die Zusammenfassung zu Klassen erfolgt dann, wenn man kleine Klassenbreiten und damit eine Vielzahl von Klassen festlegt. Insbesondere sollte in dem Wertebereich, in dem sehr viele Meßwerte x_i liegen, die Klassenbreite enger sein als in den Bereichen mit wenigen Meßwerten, damit dort die Besonderheiten erkennbar bleiben.

Eine weitere Forderung an die Klassenbreite ist dadurch gegeben, daß die Meßwerte annähernd gleichverteilt über die Klassenbreite sein müssen, damit die Klassenmitte die Meßwerte einer Klasse gut repräsentiert.

Bei den Anwendungen unterscheidet man zwischen arithmetischer und nichtarithmetischer Klasseneinteilung. Nichtarithmetische Klasseneinteilungen haben bei der Weiterrechnung einen erheblichen Mehraufwand gegenüber der Rechnung mit arithmetischer Teilung zur Folge. Sie werden deshalb nur dann angewendet, wenn die oben genannten Forderungen sonst nicht erfüllt sind, wenn der Merkmalsbereich sehr groß ist und/oder die Verteilungen schief sind.

Bei der arithmetischen Klasseneinteilung wird der mögliche Merkmalsbereich in k gleich große Intervalle unterteilt, so daß

$$w_1 = w_2 = \ldots = w_j = \ldots = w = \frac{x'_k - x'_0}{k}$$

ist. Da man einige Freiheiten bei der Wahl von x'_k nach größeren bzw. x'_0 nach kleineren Werten hin hat, bestimmt man sich w immer als eine Zahl, mit der sich gut weiterrechnen läßt.

Es gilt für die Klassengrenzen:

$$x'_{j+1} = x'_j + w \quad ; \quad j = 0;\ 1;\ 2;\ \ldots;\ k - 1$$

$$x'_j = x'_0 + jw$$

und für die Klassenmitten:

$$x''_{j+1} = x''_j + w \text{ mit}$$

$$x''_1 = x'_0 + w/2$$

Bei der nichtarithmetischen Klasseneinteilung kann man vom Prinzip her jede Folge von Klassenweiten wählen. In der Praxis werden Einteilungen entweder durch Meßverfahren vorgegeben oder oft entsprechend einer geometrischen Folge ausgewählt.

In diesen Fällen sind die Klassenweiten nicht konstant und es gelten nicht so einfache Gleichungen für die Klassengrenzen und Klassenmitten wie bei der arithmetischen Klasseneinteilung, sondern es gilt allgemein

Klassengrenzen: $x'_j = x'_0 + \sum_{\lambda=1}^{j} w_\lambda$

Klassenmitten: $x''_j = x'_0 + \sum_{\lambda=1}^{j-1} w_\lambda + \frac{1}{2} w_j$

Für den Sonderfall einer Klasseneinteilung entsprechend einer geometrischen Folge, auch geometrische oder auch logarithmische Klasseneinteilung genannt, gilt

für die Klassengrenzen: $x'_j = x'_0 \, q^j \; ; \; j = 1;2;\ldots;k$

für die Klassenmitten: $x''_j = x''_1 \, q^{j-1}$

und die Klassenweiten: $w_j = w_1 \, q^{j-1}$ mit

$w_1 = x'_0 \, (q - 1)$

wobei q aus der folgenden Gleichung bestimmt wird:

$$q = \sqrt[k]{x'_k / x'_0}$$

Prinzipiell kann man nun mit jedem Wert von q weiterrechnen, in der Praxis ermittelt man aber q durch zulässige Veränderungen der angenommenen Werte x'_k, x'_0 so, daß man einen Wert erhält, mit dem sich gut weiterrechnen läßt.

Nach diesen allgemeinen Aussagen über Klassenzahl, Klassenweiten und Klassengrenzen sollen Hinweise für die zahlenmäßige Bestimmung der Werte bei vorgegebenen Stichproben gegeben werden. Bindende Regeln gibt es nicht. Die Anzahl k der Klassen kann einmal grob durch die Abschätzung

$$k \lessapprox \sqrt[3]{n} \ldots \sqrt[2]{n}$$

festgelegt werden, zum anderen werden in DIN 55302, Blatt 1, Richtwerte für die Mindestzahl von Klassen abhängig vom Stichprobenumfang angegeben. Diese Zahlen sind in Tabelle 29 aufgeführt.

Stichprobenumfang n		Anzahl der Klassen k
bis	100	mindestens 10
etwa	1.000	mindestens 13
etwa	10.000	mindestens 16
etwa	100.000	mindestens 20

Tab. 29: Anzahl der Klassen bei vorgegebenem Stichprobenumfang aus DIN 55302

Nach der Bestimmung der Klassenzahl und einer Entscheidung darüber, ob die Klassenweiten entsprechend einer arithmetischen, geometrischen Folge sich verhalten sollen, kann man die Werte w_j; x_j'; x_j'' berechnen, bei anderen nichtarithmetischen Teilungen muß man diese Werte einzeln festlegen.

Beispiel: Berechnung der Klassenzahl, der Klassenweite und der Klassengrenzen bei arithmetischer und geometrischer Aufteilung (Werte aus Tab. 28).

Aus dem Stichprobenumfang von $n = 80$ ergibt sich nach der obigen Formel ein Wert für k im Bereich zwischen 5 und 10. Wegen der Werte aus Tabelle 2 erfolgt die Entscheidung für $k = 10$.

Da der minimale Wert der Stichprobe gleich 1 und der maximale gleich 90 ist, ergibt sich für arithmetische Teilung aus der Forderung, daß ein möglicher Wert $x_i = 90$ Element der 10. Klasse sein soll, mit $x'_{10} = 91$; $x'_0 = 1$

$$w = \frac{91 - 1}{10} = 9,0$$

Damit erhält man aus der oben angegebenen Gleichung $x'_j = x'_0 + jw$ für die Klassengrenzen x_j die Werte zu 1,0; 10,0; 19,0; 28,0; 37,0; 46,0; 55,0; 64,0; 73,0; 82,0; 91,0.

Für die geometrische Aufteilung wird q aus der Gleichung $q = \sqrt[10]{91/1} \approx 1,57$ bestimmt. Damit ergeben sich die Klassengrenzen nach der Gleichung $x'_j = x'_0 \, q^j$: 1,00; 1,57; 2,46; 3,87; 6,08; 9,54; 14,98; 23,51; 36,91; 57,96; 90,99.

An dieser Stelle muß darauf hingewiesen werden, daß die mit Hilfe von Klasseneinteilungen berechneten Parameter und Momente Abweichungen gegenüber den entsprechenden, aus den Werten der Urliste berechneten Kenndaten aufweisen können. Diese Abweichungen kann man mit Hilfe einiger von Sheppard* angegebener Gleichungen abschätzen.

Es zeigt sich, daß diese Abweichungen umso größer werden, je größer die Klassenweite im Vergleich zur Standardabweichung wird. Insbesondere findet man, daß die aus klassierten Daten berechnete Varianz im allgemeinen systematisch größer ist als die aus den Werten der Urliste unmittelbar ermittelte Varianz. Nach Sheppard muß eine aus klassierten Daten bei arithmetischer Teilung berechnete Varianz s^2 entsprechend der folgenden Gleichung korrigiert werden.

$$s^2_{korr.} = s^2 - w^2/12. \quad \text{(Sheppardsche Korrektur)}$$

Da aber mit solchen korrigierten Werten keine statistischen Tests vorgenommen werden sollen, muß man die Klassenweite so wählen, daß der durch die Klasseneinteilung bedingte mögliche relative Fehler von s kleiner als ein vorgegebener Wert ist. Schätzt man den relativen Fehler von s nach der Formel

$$\frac{s - s_{korr.}}{s} = 1 - \sqrt{1 - \frac{w^2}{12s^2}}$$

ab und gibt dabei w als Vielfaches von s vor, so erhält man den in Abb. 28 dargestellten Kurvenverlauf.

Man entnimmt der Abb. 28 zum Beispiel, daß der relative Fehler von s nur dann kleiner als 0,01 ≙ 1 % ist, wenn $w/s < 0{,}5$, also $w < 0{,}5\,s$ ist.

* B.L. van Waerden; Mathematische Statistik; 2. Aufl., Berlin, Heidelberg, New York; Springer-Verlag (1965)

L. Sachs; Statistische Auswertungsmethoden; 3. Aufl., Berlin, Heidelberg, New York; Springer-Verlag (1971)

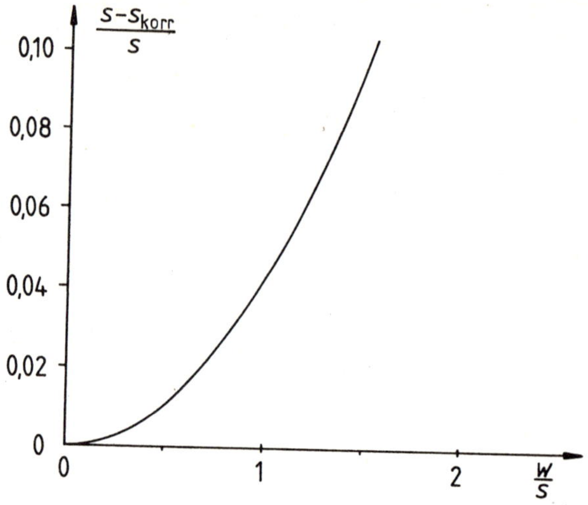

Abb. 28: Abhängigkeit des relativen Fehlers der Standardabweichung vom Verhältnis der Klassenweite/Standardabweichung

Das sich aus diesem Zusammenhang anbietende Verfahren zur Bestimmung der Klassenweite durch Vorgabe eines zulässigen Fehlers bei der Bestimmung der Standardabweichung und einer daraus resultierenden Bestimmung von k stößt auf die Schwierigkeit, daß die Standardabweichung s vor der Auswertung einer Stichprobe im allgemeinen unbekannt ist. Es muß in der Praxis aber immer dann, wenn sich im Anschluß an die Auswertung herausstellt, daß der relative Fehler von s größer ist als ein vorgegebener Wert (oft 1 %), mit kleinerer Klassenweite erneut gerechnet werden.

4.3.2.2.3 Häufigkeiten, Häufigkeitsdichten, Häufigkeitssummen und graphische Darstellungen

Nachdem die Anzahl k der Klassen, die Klassengrenzen x'_j bestimmt worden sind, erfolgt die Zuordnung der Merkmalswerte x_i (i = 1; 2; ...; n) zu den einzelnen Klassen. Die Anzahl n_j der Werte in den einzelnen Klassen nennt man absolute Besetzungszahl oder absolute Häufigkeit in der Klasse j. Die Summe der Besetzungszahlen aller Klassen muß gleich dem Stichprobenumfang sein.

$$n = \sum_{j=1}^{k} n_j$$

Die relativen Besetzungszahlen oder relativen Häufigkeiten p_j sind definiert durch das Verhältnis von absoluten Bestzungszahlen zum Stichprobenumfang:

$$p_j = \frac{n_j}{n}$$

Für die Summe aller relativen Besetzungszahlen gilt

$$\sum_{j=1}^{k} p_j = \sum_{j=1}^{k} \frac{n_j}{n} = \frac{1}{n} \sum_{j=1}^{k} n_j = 1$$

Die graphische Darstellung der Stichprobenergebnisse erfolgt entweder in Histogrammen oder in Summenkurven. Bei den Histrogrammen zeichnet man über den einzelnen Klassenbreiten Rechtecke mit jeweils einer solchen

Höhe, daß die Fläche des Rechteckes die Anteile selbst oder die relativen Anteile der Elemente der Klasse j an der gesamten Stichprobe wiedergibt. Aus diesem Grunde eignen sich bei unterschiedlichen Klassenweiten weder die Werte n_j noch die Werte p_j unmittelbar für die Darstellung in Histogrammen als Höhen, sondern die für die Darstellung in Histogrammen wichtigen Höhen erhält man, indem man die Besetzungszahlen bzw. relativen Häufigkeiten auf die Klassenweite w_j bezieht und bezeichnet mit

absolute Häufigkeitsdichte: $h_j = n_j/w_j$

und als

relative Häufigkeitsdichte: $f_j = p_j/w_j = n_j/(n \cdot w_j)$

Man beachte, daß h_j und f_j im allgemeinen nicht dimensionslos und benennungslos sind, sondern die Dimension, die Benennung des Kehrwertes der Klassenweite, des Merkmales x besitzen. Für die relative Häufigkeitsdichte f_j gilt in Anlehnung an die Dichteverteilung $\varphi(x)$ bei stetigen Wahrscheinlichkeitsverteilungen (vgl. Kap. 3.3).

$$\int_{x_A}^{x_E} \varphi(x)\,dx = 1 \quad ; \quad \sum_{j=1}^{k} f_j w_j = 1$$

Die absolute Summenhäufigkeit $H(x_j')$ gibt an, wieviele Ereignisse mit Werten $x_i < x_j'$ in der Stichprobe vorgefunden wurden.

ZV

☐ Herr ☐ Frau ☐ Firma

Behrens, Keil und Lorenz OHG
Universitätsbuchhandlung
"Otto von Guericke"
Breiter Weg 30 a
Postfach 41 67
39104 Magdeburg
Tel. (0391) 55 10 51
VN 57828

#15

Anschrift: Uni
Inst.: IAUT
z. Hd. Prof. Mohr

LIBRI

Datum	LIBRI-Nummer oder ISBN		Anzahl	
17.5.94	ZV 2611502		1x	Expl. an Kunden
Bestellzeichen (3-stellig)	Reihe	Band-Nr.		☐ holt ab

benachrichtigen:
☐ Postkarte
☐ Tel.

Bücherzettel beim Abholen bitte mitbringen! Termin- und Preisangaben nach bestem Wissen, aber unverbindlich.

Autor: Orlowski
Titel: Statistik 2
Verlag: Penning
Preis ca. DM: 21

☐ senden
☒ Rechnung
☐ vorausbezahlt
DM

Bemerkungen

Zeichen

KU

☐ Herr ☐ Frau ☐ Firma

Anschrift: Uni
Inst. IAKT
z. Hd. Prof. Moll

Behrens, Keil und Lorenz OHG
Universitätsbuchhandlung
"Otto von Guericke"
Breiter Weg 30 a
Postfach 41 67
39104 Magdeburg
Tel. (0391) 55 10 51
VN 57828

#15

Datum	LIBRI-Nummer oder ISBN	Anzahl	
17.5.94	KU 2611502	1x	— Expl. an Kunden

Bestellzeichen (3-stellig)	Reihe	Band-Nr.

☐ holt ab

benachrichtigen:

☐ Postkarte

☐ Tel.

Autor: Osłowski

Titel: Statistik 2

Verlag: Denning

Preis ca. DM: 21

☐ senden

☒ Rechnung

☐ vorausbezahlt

DM

Bücherzettel beim Abholen bitte mitbringen! Termin- und Preisangaben nach bestem Wissen, aber unverbindlich.

Bemerkungen

Zeichen

$$H(x'_j) = \frac{1}{n} \sum_{\lambda=1}^{j} n_\lambda \quad ; \quad F(x'_j) = \frac{1}{n} \sum_{\lambda=1}^{j} n_\lambda$$

Da die Einzelwerte in den einzelnen Klassen als gleichverteilt vorausgesetzt werden, darf man bei den aus klassierten Stichproben herstammenden Zahlenwerten die einzelnen Punkte $Q(x'_j;\ H(x'_j))$ bzw. $Q(x'_j;\ F(x'_j))$ durch Geraden zu einem Polygonzug verbinden. Man erhält auf diese Weise eine stetige, nur an den Klassengrenzen nicht differenzierbare, nichtfallende Funktion. In Anlehnung an die im Kap. 3.3 gegebene Definition von Wahrscheinlichkeitsdichten können die empirische Häufigkeitsdichten für die differenzierbaren Gebiete $(x \neq x'_j)$ auch aus den folgenden Gleichungen ermittelt werden.

$$h(x) = \frac{dH(x)}{dx} \quad ; \quad f(x) = \frac{dF(x)}{dx} \quad \text{mit } x \neq x'_j$$

$$h_j = \frac{H(x'_{j+1}) - H(x'_j)}{x'_{j+1} - x'_j} \quad ; \quad f_j = \frac{F(x'_{j+1}) - F(x'_j)}{x'_{j+1} - x'_j}$$

$$= \frac{n_j}{w_j} \quad ; \quad = \frac{1}{n}\frac{n_j}{w_j} = \frac{p_j}{w_j}$$

Man beachte, daß H(x) und F(x) dimensionslos und benennungslos sind.

<u>Beispiel:</u> Man bestimme die absoluten und relativen Häufigkeiten, Häufigkeitsdichten und Summenhäufigkeiten bei arithmetischer und geometrischer Klasseneinteilung (Werte Tabelle 28 und Beispiel aus Kapitel 4.3.3.2) und stelle die Ergebnisse in Diagrammen dar.

Die Zahlenwerte sind in den Tab. 30 und 31 aufgeführt, die zugehörigen Diagramme in den Abb. 29, 30.

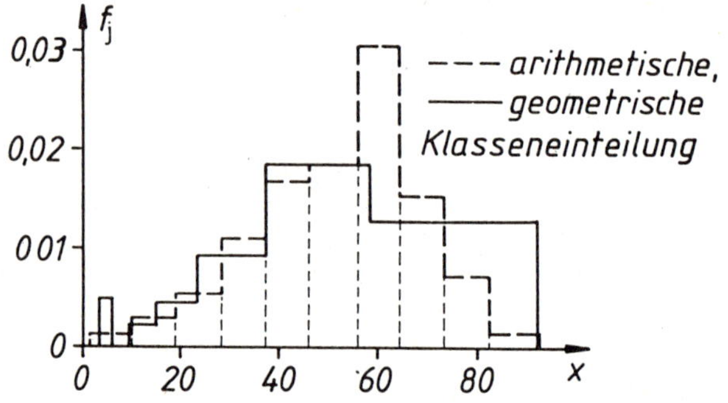

Abb. 29: Darstellung der Häufigkeitsdichten für verschiedene Klasseneinteilung

Die Abb. 29 zeigt die Häufigkeitsdichten bei arithmetischer und bei geometrischer Klasseneinteilung gemäß den Werten aus Tab. 30 und 31. Man erkennt die typische Histogrammform. Die Flächen unter den einzelnen waagerechten Geraden entsprechen den relativen Anteilen in der Stichprobe. Bei einem Vergleich der Kurven stellt man fest, daß die unterschiedlichen Klasseneinteilungen den Verlauf der Häufigkeitsdichten erheblich beeinflussen.

(1)	(2)	(3)	(4)	(5)	(6)	(7)	(8)	(9)	(10)
				Absolute			Relative		
j	Klasse	Klassen-mitte x''_j	Klassen-weite w_j	Häufig-keiten n_j	Häufig-keits-dichte $h_j=n_j/w_j$	Summen-häufig-keit $H(x_j)$	Häufig-keit $p_j=n_j/n$	Häufig-keits-dichte $f_j=p_j/w_j$	Summen-häufig-keit $F(x'_j)$
1	$1 \leq x_i < 10$	5,5	9	1	0,111	1	0,0125	0,00139	0,0125
2	$10 \leq x_i < 19$	14,5	9	2	0,222	3	0,0250	0,00278	0,0375
3	$19 \leq x_i < 28$	23,5	9	4	0,444	7	0,0500	0,00556	0,0875
4	$28 \leq x_i < 37$	32,5	9	8	0,889	15	0,1000	0,01110	0,1875
5	$37 \leq x_i < 46$	41,5	9	12	1,333	27	0,1500	0,01667	0,3375
6	$46 \leq x_i < 55$	50,5	9	13	1,444	40	0,1625	0,01806	0,5000
7	$55 \leq x_i < 64$	59,5	9	22	2,444	62	0,2750	0,03056	0,7750
8	$64 \leq x_i < 73$	68,5	9	11	1,222	73	0,1375	0,01528	0,9125
9	$73 \leq x_i < 82$	77,5	9	5	0,556	78	0,0625	0,00694	0,9750
10	$82 \leq x_i < 91$	86,5	9	2	0,222	80	0,0250	0,00139	1,0000

Tab. 30: Auswertetabelle bei arithmetischer Klasseneinteilung

(1)	(2)	(3)	(4)	(5)	(6)	(7)	(8)	(9)	(10)
				Absolute			Relative		
		Klassenmitte	Klassenweite	Häufigkeiten	Häufigkeitsdichte	Summenhäufigkeit	Häufigkeit	Häufigkeitsdichte	Summenhäufigkeit
j	Klasse	x''_j	w_j	n_j	$h_j=n_j/w_j$	$H(x'_j)$	$p_j=n_j/n$	$f_j=p_j/w_j$	$F(x'_j)$
1	$1,00 \leq x_i < 1,57$	1,25	0,57	0	0	0	0	0	0
2	$1,57 \leq x_i < 2,46$	1,97	0,89	0	0	0	0	0	0
3	$2,46 \leq x_i < 3,87$	3,08	1,41	0	0	0	0	0	0
4	$3,87 \leq x_i < 6,08$	4,85	2,21	1	0,452	1	0,0125	0,00566	0,0125
5	$6,08 \leq x_i < 9,54$	7,62	3,46	0	0	1	0	0	0,0125
6	$9,54 \leq x_i < 14,98$	11,95	5,44	1	0,184	2	0,0125	0,00230	0,0250
7	$14,98 \leq x_i < 23,51$	18,77	8,53	3	0,352	5	0,0375	0,00440	0,0625
8	$23,51 \leq x_i < 36,91$	29,46	13,40	10	0,746	15	0,1250	0,00933	0,1875
9	$36,91 \leq x_i < 57,96$	46,25	21,05	31	1,473	46	0,3875	0,01840	0,5750
10	$57,96 \leq x_i < 90,99$	72,62	33,03	34	1,029	80	0,425	0,01287	1,0000

Tab. 31: Auswertetabelle bei geometrischer Klasseneinteilung

In der Abb. 30 sind die mit Hilfe der beiden verschiedenen Klasseneinteilungen errechneten Summenhäufigkeiten dargestellt (siehe Tab. 30, Tab. 31 jeweils Spalte 10).

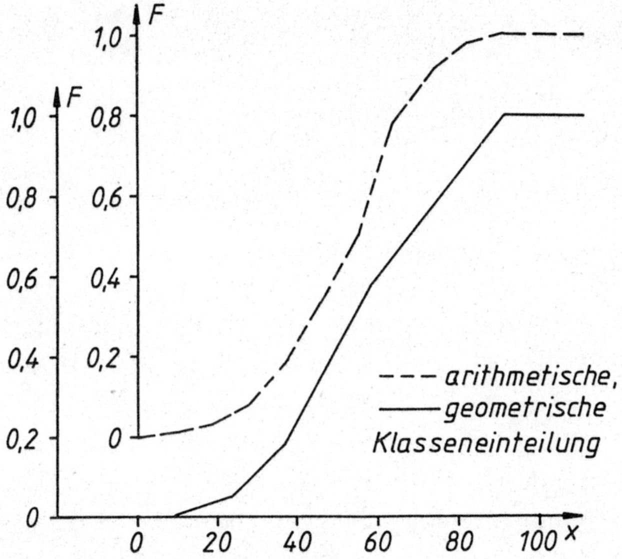

Abb. 30: Darstellung der Summenkurven bei arithmetischer und bei geometrischer Klasseneinteilung

Unterschiede in den Klasseneinteilungen bewirken bei Summenkurven ausschließlich Abweichungen der Kurvenverläufe außerhalb der Stützstellen, grundsätzlich gehört aber bei einer Stichprobe zum gleichen Wert x'_j immer der gleiche Wert $F(x'_j)$ unabhängig von der Klasseneinteilung.

4.3.3 Schätzung von Parametern aus Stichprobenergebnissen

Zur Kennzeichnung der Verteilung von Grundgesamtheiten verwendet man neben Angaben über die Art der Verteilung Parameter für die Lage, die Streuung und die Form der Verteilung. Diese sind im allgemeinen unbekannt. Mit Hilfe von Stichproben sollen bestmögliche Schätzwerte für diese Parameter bestimmt werden.

Das Lagemaß charakterisiert die mittlere Lage einer Verteilung. Verwendung finden im allgemeinen der arithmetische, der geometrische und der harmonische Mittelwert, der häufigste Wert und Quantile. Das Streumaß kennzeichnet die Variabilität der Verteilung. Nebeneinander verwendet man die Varianz, die Standardabweichung und die Spannweite. Formmaße geben die Abweichung einer Verteilung von der Normalverteilung wieder. Verwendung finden hier im allgemeinen die Schiefe und die Wölbung.

Die im folgenden rechnerisch ermittelten Zahlenwerte sind nachträglich auf wenige gültige Stellen zu runden (vgl. Kapitel 4.3.3.5), damit nicht eine nichtvorhandene Genauigkeit vorgetäuscht wird. In den anderen Kapiteln von 4.3.3 werden zur besseren rechnerischen Nachprüfbarkeit der Rechnungen für den Leser die Rundungsregeln jedoch noch nicht angewendet.

Bei der Angabe der Schätzwerte für die Parameter unterscheidet man zwischen Punktschätzungen und Intervallschätzungen. Im ersten Fall berechnet man nur einen einzigen Zahlenwert mit Hilfe einer Schätzfunktion $\varphi_n(\vec{X})$, der aber im konkreten Fall $\varphi_n(\vec{x})$ erheblich von dem wahren Wert des Parameters abweichen kann. Im zweiten Fall ergänzt man die Punktschätzung durch die Berechnung eines Intervalls $[\vartheta_U; \vartheta_O]$, von welchem man erwartet, daß es den wahren Wert des zu schätzenden Parameters enthält. Dieses Intervall wird im Rahmen dieses Buches als empirisches Konfidenzintervall oder auch nur als Konfidenzintervall berechnet und bezeichnet.

Zur Erklärung des Konfidenzintervalls geht man davon aus, daß man zwei Schätzfunktionen $\varphi_{nU}(\vec{X})$ und $\varphi_{nO}(\vec{X})$ für den Parameter einer Verteilung kennt, für die

$$P(\varphi_{NU}(\vec{X}) < \varphi_{nO}(\vec{X})) = 1$$

Bei jeder Realisierung der beiden Zufallsvariablen durch Stichproben ist also sicher, daß

$$\varphi_{nU}(\vec{x}) < \varphi_{nO}(\vec{x})$$

Gilt für diese beiden Schätzfunktionen insbesondere, daß die Wahrscheinlichkeit dafür, daß der wahre Wert ϑ in dem abgeschlossenen Intervall $[\varphi_{nU}(\vec{X}), \varphi_{nO}(\vec{X})]$ liegt, gleich

$$P(\varphi_{nU}(\vec{X}) < \vartheta < \varphi_{nO}(\vec{X})) = 1 - \alpha$$

ist, so bezeichnet man das Intervall als theoretisches Konfidenzintervall zum Konfidenzniveau $(1 - \alpha)$. Die Realisierung dieses Intervalls durch Stichprobenwerte liefert das empirische Konfidenzintervall $[\vartheta_U, \vartheta_O]$ mit

$$\vartheta_U = \varphi_{nU}(\vec{x}) \; ; \quad \vartheta_O = \varphi_{nO}(\vec{x}).$$

Vor der Durchführung der Stichprobe besteht die Wahrscheinlichkeit $(1 - \alpha)$, mit den beiden Stichprobenfunktionen ein den wahren Wert enthaltendes Intervall zu bestimmen. Nach der Durchführung der Stichprobe hat man ϑ_U, ϑ_O als feste Werte errechnet, die nun keine Zufallsvariablen sind. Deshalb kann man dem von ihnen gebildeten Intervall auch keine Wahrscheinlichkeiten mehr zuordnen, sondern man kann nur hoffen, erwarten, vertrauen (lat. confidere = glauben, vertrauen), daß bei einer Vielzahl von ausgewerteten Stichproben der wahre Wert ϑ in $(1 - \alpha) \cdot 100$ % Fällen innerhalb und und nur in $\alpha \cdot 100$ % Fällen außerhalb des Intervalls $[\vartheta_U, \vartheta_O]$ liegt. Da eine Deutung als Wahrscheinlichkeiten beim empirischen Konfidenzintervall für $(1 - \alpha)$ nicht mehr erlaubt ist, bezeichnet man $(1 - \alpha)$ als Konfidenzkoeffizient oder als ein- oder zweiseitige statistische Sicherheit S bzw. $\check{S}$; α als Irrtumsniveau (vgl. Kap. 3.4).

Wie erläutert muß der wahre, jedoch unbekannte Parameter nicht unbedingt im Konfidenzintervall liegen, sondern er kann mit einem Irrtums-Niveau von α auch außerhalb des Intervalls liegen. Man macht also in einem solchen Fall einen Fehler, wenn man behauptet, daß der wahre Wert im Konfidenzintervall liegt.

Wenn man eine große Sicherheit haben will, daß der wahre Wert des Parameters wirklich innerhalb des Konfidenzintervalls liegt, muß man bei sonst konstanten Werten den Vertrauensbereich, und damit $(1 - \alpha)$ sehr groß wählen und damit einen weiten Bereich möglicher Werte für den Parameter zulassen, der Wert wird unscharf. Sichere Aussagen sind im allgemeinen unscharf, schärfere Aussagen sind im allgemeinen unsicher.

4.3.3.1 Schätzungen von Lageparametern

4.3.3.1.1 Arithmetischer Mittelwert

Bei einer Punktschätzung ist der arithmetische Mittelwert $\bar{x}$ von n Meßwerten x_1; x_2; ...; x_n definiert durch die Gleichung

$$\bar{x} = \frac{x_1 + x_2 + \ldots + x_n}{n} = \frac{1}{n} \sum_{i=1}^{n} x_i$$

Diese Formel verwendet man immer dann, wenn man nur wenige Werte geringer Ziffernzahl auszuwerten hat, sonst vereinfacht man die Rechnung durch Transformation (vgl. Kap. 3.5.1).

Eine übliche Transformation ist

$$z_i = x_i - a$$

mit dem Hilfswert $a \approx \bar{x}$. Man berechnet dann zunächst $\bar{z}$ und erhält über eine Rücktransformation $\bar{x}$.

$$\bar{x} = a + \bar{z} = a + \frac{1}{n} \sum_{i=1}^{n} (x_i - a)$$

<u>Beispiel:</u> Man berechne den arithmetischen Mittelwert der Zahlenwerte aus Tab. 25 ohne und mit Transformation.

Ohne Transformation

$$\bar{x} = \frac{1}{12}(183+192+\ldots+167) = \frac{1}{12} \cdot 2134 = 177{,}833$$

Mit Transformation a = 180

$$\bar{x} = 180 + \frac{1}{12}\left[(183-180) + \ldots + (167-180)\right]$$

$$= 180 + \frac{1}{12}\left[3 + \ldots - 13\right] = 180 - \frac{26}{12}$$

$$= 177,833$$

Zur Berechnung des arithmetischen Mittelwertes aus klassifizierten Stichproben stellt man sich vor, daß alle Meßwerte n_j einer Klasse in der Klassenmitte x''_j zusammengefaßt seien. Auf diese Weise kann man den Rechenaufwand verringern, nimmt aber auch gewisse Genauigkeitseinbußen in Kauf, die dadurch entstehen, daß das Modell nicht genau mit der Wirklichkeit übereinstimmt.

$$\bar{x} = \frac{1}{n}\,(n_1\, x''_1 + n_2\, x''_2 + \ldots + n_k\, x''_k)$$

$$= \frac{1}{n} \sum_{j=1}^{k} n_j\, x''_j$$

$$= \sum_{j=1}^{k} p_j\, x''_j$$

Auch hier kann man durch die Einführung einer Transformation mit geschickt gewählten Bezugsgrößen die Rechnung oft vereinfachen. Eine übliche Transformation ist wieder

$$z''_j = x''_j - a \qquad \text{mit} \qquad a \approx \bar{x}$$

und man erhält

$$\bar{x} = a + \frac{1}{n} \sum_{j=1}^{k} n_j z''_j = a + \frac{1}{n} \sum_{j=1}^{k} n_j (x''_j - a)$$

<u>Beispiel:</u> Man berechne den arithmetischen Mittelwert $\bar{x}$ aus den Werten der Tab. 28 a) ohne Klasseneinteilung, b) mit arithmetischer Klasseneinteilung (Tab. 30) und c) geometrischer Klasseneinteilung (Tab. 31).

a) Den Wert $\bar{x}$ aus den 80 Meßwerten x_i ermittelt man sich sinnvoller Weise mit Hilfe eines Taschenrechners mit Statistikteil. Es ergibt sich

$$\bar{x} = 51{,}5875$$

b) Die Berechnung des Wertes $\bar{x}$ bei der arithmetischen Klassenteilung erfolgt mit den Werten aus Tab. 30, Spalte 3, 5 durch den Ausdruck

$$\bar{x} = \frac{1}{80} (1 \cdot 5{,}5 + 2 \cdot 14{,}5 + \ldots + 2 \cdot 86{,}5)$$

$$= \frac{1}{80} \cdot 4166 = 52{,}075$$

c) Die Berechnung von $\bar{x}$ erfolgt bei geometrischer Teilung mit den Werten aus Tab. 31, Spalte 3, 5.

$$\bar{x} = \frac{1}{80} (0 \cdot 1{,}25 + \ldots + 1 \cdot 4{,}85 + 0 \cdot 7{,}62 + \ldots +$$

$$+ 72{,}62 \cdot 34)$$

$$= \frac{1}{80} \cdot 4270{,}54 = 53{,}38$$

Man erkennt Abweichungen zwischen den einzelnen Werten, die durch die Klassenweiten und da insbesondere durch die Nichteinhaltung der Voraussetzung der Gleichverteilung über die Klassenbreite bedingt sind.

Für den in der Praxis oft auftretenden Fall, daß man Stichproben unterschiedlicher Umfänge n_i; $(i = 1; 2; \ldots; l)$ mit den meistens verschiedenen Mittelwerten x_i aus einer Grundgesamtheit gezogen hat und der gemeinsame Mittelwert $\bar{x}$ der l Stichproben gesucht ist, gilt

$$\bar{x} = \frac{1}{n_{1;-} + n_{2;-} + \ldots + n_{l;-}} (n_{1;-}\ \bar{x}_{1;-} +$$

$$+ n_{2;-}\ \bar{x}_{2;-} + \ldots + n_{l;-}\ \bar{x}_{l;-})$$

$$= \frac{1}{n} \cdot \sum_{i=1}^{l} n_{i;-}\ \bar{x}_{i;-} \quad \text{mit} \quad n = \sum_{i=1}^{l} n_{i;-}$$

Ein Beispiel hierzu findet man in Kap. 4.3.2.2.

Bei der Intervallschätzung für den Erwartungswert μ einer Verteilung mit Hilfe des arithmetischen Mittelwertes unterscheidet man vier verschiedene Fälle.

a) Grundgesamtheit NV (μ ; σ^2) verteilt; σ^2 bekannt.

Als Schätzfunktion für den Erwartungswert verwendet man

$$\bar{X} = \varphi_n (\bar{X}) = \frac{1}{n} \sum_{i=1}^{n} X_i$$

Diese Größe ist NV (μ ; σ^2/n) bzw. die standardisierte Zufallsvariable $\bar{U} = (\bar{X} - \mu) \cdot\ n/\sigma$ ist standardnormalverteilt (vgl. Kap. 3.6.2.1). Deshalb kann man vor der Durchführung Angaben über das Intervall machen, in welchem mit der

Wahrscheinlichlichkeit $(1-\alpha)$ der wahre Wert liegen wird.

$$P\left(-u_{1-\alpha/2} = \frac{\bar{X} - }{\sigma/\sqrt{n}} = u_{1-\alpha/2}\right) = 1-\alpha$$

Werte für u findet man in den Tab. 11 oder 12 des Anhanges oder in Band 1.

Formt man den Klammerausdruck um und ersetzt die Zufallsvariable $\bar{X}$ durch ihre Realisierung $\bar{x}$, so erhält man den Konfidenzbereich zur zweiseitigen statistischen Sicherheit $\check{S}$.

$$\mu_U \leqq \mu \leq \mu_O$$

$$\bar{x} - u_{1-\alpha/2}\frac{\sigma}{\sqrt{n}} = \mu \leqq \bar{x} + u_{1-\alpha/2}\frac{\sigma}{\sqrt{n}}$$

Analog hierzu kann man mit der einseitigen statistischen Sicherheit $S = 1-\alpha$ darauf vertrauen, daß bei einer Realisierung der Werte durch eine Stichprobe der Wahre Wert $\mu \geqq \mu_u$ bzw. $\mu \leqq \mu_O$ ist, wenn

$$\mu_U = \bar{x} - u_{1-\alpha}\frac{\sigma}{\sqrt{n}} \text{ bzw. } \mu_O = \bar{x} + u_{1-\alpha}\frac{\sigma}{\sqrt{n}}$$

<u>Beispiel:</u> Aus einer NV $(\mu; 9^2)$ verteilten Grundgesamtheit ist eine Stichprobe vom Umfang $n = 12$ entnommen und $\bar{x} = 180$ berechnet worden. Man bestimme die a) untere Vertrauensgrenze,

b) die obere Vertrauensgrenze zur einseitigen statistischen Sicherheit S = 0,95, c) den Vertrauensbereich zur zweiseitigen statistischen Sicherheit $\check{S}$ = 0,95.

a) $\mu_O = 180{,}0 - 1{,}645 \frac{9}{\sqrt{12}} = 175{,}7$

b) $\mu_O = 180{,}0 + 1{,}645 \frac{9}{\sqrt{12}} = 184{,}34$

c) $180{,}0 - 1{,}960 - \frac{9}{\sqrt{12}} \leqq \mu \leqq 180{,}0 + 1{,}960 \frac{9}{\sqrt{12}}$

$174{,}9 \leqq \mu \leqq 185{,}1$

Das Ergebnis c) besagt z.B., daß man mit einer Sicherheit von 95 % darauf vertrauen kann, daß der wahre Erwartungswert zwischen den Werten 174,9 und 185,1 liegt.

b) Grundgesamtheit NV ($\mu; \sigma^2$) verteilt; σ^2 durch die empirische Varianz s^2 (vgl. Kap. 4.3.3.2.2) geschätzt

In diesem Fall verwendet man die gleiche Schätzfunktion für $\bar{X}$, allerdings gehorcht die Zufallsgröße $T = (\bar{x} - \mu) \cdot \sqrt{n}/s$ jetzt einer t-Verteilung (vgl. Kap. 3.6.2.4). Für die Grenzen der Konfidenzintervalle gilt

$\mu_U = \bar{x} - t_{1-\alpha;\nu} \frac{s}{\sqrt{n}}$ bzw. $\mu_O = \bar{x} + t_{1-\alpha;\nu} \frac{s}{\sqrt{n}}$

bei einseitiger statistischer Sicherheit
$S = 1 - \alpha$ und bei zweiseitiger statistischer
Sicherheit $\check{S} = 1 - \alpha$

$$\bar{x} - t_{1-\alpha/2;\nu} \frac{s}{\sqrt{n}} = \mu = \bar{x} + t_{1-\alpha/2;\nu} \frac{s}{\sqrt{n}}$$

Werte für t entnimmt man der Tab. 19 des Anhanges.

<u>Beispiel:</u> Aus einer NV ($\mu; \sigma^2$) verteilten Grundgesamtheit ist eine Stichprobe vom Umfang $n = 12$ entnommen und $\bar{x} = 180{,}0$ und $s = 9{,}0$ berechnet worden. Man bestimme die a) untere Vertrauensgrenze, b) die obere Vertrauensgrenze zur einseitigen statistischen Sicherheit $S = 0{,}95$, c) den Vertrauensbereich zur zweiseitigen statistischen Sicherheit $\check{S} = 0{,}95$.

a) $\mu_U = 180{,}0 - 1{,}782 \frac{9}{\sqrt{12}} = 175{,}37$

b) $\mu_O = 180{,}0 + 1{,}782 \frac{9}{\sqrt{12}} = 184{,}63$

c) $180{,}0 - 2{,}179 \frac{9}{\sqrt{12}} \leqq \mu \leqq 180{,}0 + 2{,}179 \frac{9}{\sqrt{12}}$

$$174{,}3 \leqq \mu \leqq 185{,}7$$

c) Verteilung der Grundgesamtheit unbekannt; σ^2 bekannt.

Die Schätzfunktion für den Erwartungswert ist wieder

$$\bar{X} = \frac{1}{n} \sum_{i=1}^{n} X_i$$

Die Verteilung dieser Größe ist asymptotisch NV (μ; σ^2/n). Für große Stichprobenumfänge (n > 30) kann dieser Fall deshalb wie Fall a) behandelt werden. Für den Fall kleiner Stichprobenumfänge aus stetigen Grundgesamtheiten mit endlichem Erwartungswert kann man den Vertrauensbereich mit Hilfe der Ungleichung von Tschebyscheff abschätzen. Dieses besagt, daß die Wahrscheinlichkeit kleiner als $1/\lambda^2$ dafür ist, daß der Absolutwert der Differenz zwischen der Variablen und ihrem Erwartungswert größer als ein λ-fach der Standardabweichung σ ist.

Zur Veranschaulichung dieser Aussage sind in der Tab. 32 zum Vergleich die Anteile in % einer normalverteilten und einer beliebig verteilten Grundgesamtheit aufgetragen, die außerhalb eines Bereiches $\mu \pm \lambda\sigma$ für verschiedene Werte von λ liegen. Für die Normalverteilung sind die Werte mit Hilfe der Tab. 10 des Anhanges, für die beliebige Verteilung mit Hilfe der Tschebyscheff-Ungleichung berechnet.

λ	Normalverteilung	Bel. Verteilung
1,0	31,7	100
1,5	13,4	44,4
2,0	4,55	25,0
2,5	1,24	16,0
3,0	0,30	11,1
3,5	0,05	8,2
4,0	0,006	6,3
4,5	0,0007	4,9
5,0	0,00006	4,0

Tab. 32: Prozentuale Anteile einer normalverteilten und einer beliebigen Verteilung, die außerhalb des Bereiches $\mu \pm \lambda\sigma$ liegen

Man erkennt aus der Tab. 32, daß man Anteile von 5 % bei der Normalverteilung außerhalb des 2σ-Bereiches bei einer beliebigen Verteilung aber erst außerhalb des $4{,}5\,\sigma$-Bereiches annehmen darf.

Wendet man nun die Tschebyscheff-Ungleichung auf die Schätzfunktion $\varphi_n(\bar{X})$ an, von der man annehmen darf, daß ihre Varianz σ^2/n ist, so lautet die Ungleichung

$$P\left(|\bar{X} - \mu| \geq \lambda \frac{\sigma}{\sqrt{n}}\right) = \frac{1}{\lambda^2}$$

Wenn man nun weiterhin beachtet, daß die Wahrscheinlichkeit bei der Intervallschätzung dafür, daß ein Wert außerhalb des Intervalls zu erwarten war, gleich der Irrtumswahrscheinlichkeit α ist, kann man $1/\lambda^2 = \alpha$ setzen und erhält

$$P\left(|X - \mu| \geq \frac{\sigma}{\sqrt{\alpha\, n}} \right) \leq \alpha$$

Formt man nun den Klammerausdruck um, so erhält man das theoretische Konfidenzintervall zu einer Wahrscheinlichkeit größer gleich $(1 - \alpha)$. Realisiert man nun die Zufallsvariable durch eine Stichprobe, so erhält man das empirische Konfidenzintervall zu einer zweiseitigen statistischen Sicherheit $\check{S} \geq 1 - \alpha$ mit

$$\bar{x} - \frac{1}{\sqrt{\alpha}} \frac{\sigma}{\sqrt{n}} \leq \mu \leq \bar{x} + \frac{1}{\sqrt{\alpha}} \frac{\sigma}{\sqrt{n}}$$

<u>Beispiel:</u> Aus einer Grundgesamtheit mit unbekannter Verteilung und der Varianz $\sigma^2 = 9^2$ wird eine Stichprobe vom Umfang $n = 12$ entnommen und $\bar{x} = 180$ bestimmt. Man berechne mit Hilfe der aus der Tschebyscheff-Ungleichung hergeleiteten Beziehung den Vertrauensbereich für μ. $\check{S} = 1 - \alpha = 0{,}95$.

$$180{,}0 - \frac{1}{\sqrt{0{,}05}} \cdot \frac{9}{\sqrt{12}} \leqq \mu \leqq 180{,}0 + \frac{1}{\sqrt{0{,}05}} \frac{9}{\sqrt{12}}$$

$$180{,}0 - 4{,}47 \frac{9}{\sqrt{12}} \leqq \mu \leqq 180{,}0 + 4{,}47 \frac{9}{\sqrt{12}}$$

$$168{,}4 \leqq \mu \leqq 191{,}6$$

Dieses Ergebnis besagt, daß man bei einer beliebigen Verteilung mindestens mit einer zweiseitigen statistischen Sicherheit von $\check{S} = 0{,}95$ erwarten kann, daß der wahre Erwartungswert im Intervall [168,4; 191,6] liegt.

Vergleicht man die nach den verschiedenen Methoden errechneten Konfidenzbereiche, so erkennt man, daß nach dem Verfahren basierend auf der Tschebyscheff-Ungleichung der größte Bereich berechnet wird und mit der Normalverteilung der kleinste. Je geringer die Zahl der als bekannt vorausgesetzten Größen sind, je größer ist der berechnete Bereich.

d) Verteilung der Grundgesamtheit unbekannt; σ^2 unbekannt

Die Angabe von Konfidenzintervallen ist schwierig. Für Stichproben mit großen Stichprobenumfängen ($n > 30$) kann man auch hier nach dem zentralen Grenzwertsatz von einer approximierten Normalverteilung $\varphi(\bar{X})$ mit der geschätzten Varianz s^2/n ausgehen und anstehende Aufgaben wie Fall a) behandeln.

4.3.3.1.2 Quantile

Zur Bestimmung der Quantile ermittelt man die relative Summenhäufigkeit bzw. deren Graphen und bezeichnet die zu vorgegebenen Werten von F gehörigen Wert x als Quantile $x_{[100F]}$. Oft verwendete Quantile führen besondere Namen

Quartile : $x_{[25]}$; $x_{[75]}$

Median : $x_{[50]}$

Dezile : $x_{[10]}$; $x_{[20]}$; ...; $x_{[90]}$

Bei Stichproben geringen Umfanges, die aus einer nicht notwendigerweise **stetigen** Grundgesamtheit stammen, geht man nach den Gleichungen (1) oder (2) des Kapitels 4.3.2.1.2 vor und bestimmmt sich zuerst die Rangzahl $m_{[100F]}$ und daraus $x_{[100F]}$ nach der Gleichung

$$m_{[100F]} = n\ F \qquad (1)$$

oder nach der Gleichung

$$m_{[100\ F]} = n \cdot F + 0,5 \qquad (2)$$

Ist $m_{[100F]}$ eine ganze Zahl, so fällt das Quantil $x_{[100F]}$ auf einen der Stichprobenwerte, ist $m_{[100F]}$ keine ganz Zahl, so liegt das Quantil zwischen den Stichprobenwerten mit den zu $m_{[100F]}$ benachbarten

Rängen $x_{(m)}$ und $x_{(m+1)}$ mit $m < m_{[100F]} < (m+1)$. Eine Interpolation zwischen den beiden x-Werten ist bei unstetigen Grundgesamtheiten nicht zulässig.

Ist allerdings bekannt, daß die Stichprobe aus einer steigen Grundgesamtheit entnommen worden ist, gilt für die Summenverteilung die Gleichung (3) oder die Gleichung (4) des Kapitels 4.3.2.1.2. Löst man diese nach m auf, so erhält man

$$m_{[100F]} = (n + 1)\,F \qquad (3)$$

bzw.

$$m_{[100F]} = \frac{1}{3}\left[(3n + 1) \cdot F + 1\right] \qquad (4)$$

Ist $m_{[100F]}$ eine ganze Zahl, so fällt das Quantil auf einen Stichprobenwert und ist $m_{[100F]}$ keine ganze Zahl, so ermittelt man sich den Wert $x_{[100F]}$ durch lineare Interpolation zwischen den benachbarten Werten.

<u>Beispiel:</u> Man ermittle die Quantile $x_{[25]}$; $x_{[50]}$, $x_{[75]}$ aus den Werten der Rangliste Tab. 26 nach den Formeln (1), (2), (3) und (4).
Für alle Beispiele ist n = 12.

Formel 1

$m_{[25]} = 12 \cdot 0{,}25 = 3 \quad ; \quad x_{[25]} = 171$

$m_{[50]} = 12 \cdot 0{,}50 = 6 \quad ; \quad x_{[50]} = 176$

$m_{[75]} = 12 \cdot 0{,}75 = 9 \quad ; \quad x_{[75]} = 183$

Formel 2

$m_{[25]} = 12 \cdot 0{,}25 + 0{,}5 = 3{,}5; \ 171 \leq x_{[25]} \leq 172$

$m_{[50]} = 12 \cdot 0{,}50 + 0{,}5 = 6{,}5; \ 176 \leq x_{[50]} \leq 178$

$m_{[75]} = 12 \cdot 0{,}75 + 0{,}5 = 9{,}5; \ 193 \leq x_{[75]} \leq 183$

Im letzten Fall stimmen $x_{(9)}$ und $x_{(10)}$ überein, so daß $x_{[75]} = 183$ ist.

Formel 3

$m_{[25]} = 13 \cdot 0{,}25 = 3{,}25 \quad ; \quad x_{[25]} = 171{,}25$

$m_{[50]} = 13 \cdot 0{,}50 = 6{,}5 \quad ; \quad x_{[50]} = 177$

$m_{[75]} = 13 \cdot 0{,}75 = 9{,}75 \quad ; \quad x_{[75]} = 183$

Formel 4

$$m_{[25]} = \frac{1}{3}\left[37 \cdot 0{,}25 + 1\right] = 3{,}417; \; x_{[25]} = 171{,}341$$

$$m_{[50]} = \frac{1}{3}\left[37 \cdot 0{,}5 + 1\right] = 6{,}5 \; ; \; x_{[50]} = 177$$

$$m_{[75]} = \frac{1}{3}\left[37 \cdot 0{,}75 + 1\right] = 9{,}583; \; x_{[75]} = 183$$

Die Zahlenwerte, die man nach den Formeln (1), (2), (3), (4) berechnet hat, kann man auch der Abb. 26 entnehmen, indem man durch den Ordinatenwert F eine Parallele zur x-Achse bis zum Schnittpunkt mit der Summenkurve zieht. Der Abzissenwert des Schnittpunktes ist gleich dem Wert $x_{[100F]}$.

Bei Stichproben großen Umfanges geht man zur Ermittlung von Quantilen in den meisten Fällen von den graphischen Darstellungen der Summenlinien aus und ermittelt sich wie oben beschrieben $x_{[100F]}$. Das rechnerische Verfahren bei klassierten Meßwerten setzt voraus, daß man sich zunächst die zu den einzelnen Klassenobergrenzen x'_j gehörenden Werte $F(x'_j)$ aus der Stichprobe ermittelt und dann mit Hilfe der Ungleichung

$$F(x'_{j-1}) \leqq F(x_{[100F]}) < F(x'_j)$$

die Klasse j bestimmt, für die gilt

$$x'_{j-1} \leqq x_{[100F]} < x'_j$$

Danach berechnet man durch lineare Interpolation

$$x_{[100F]} = x'_{j-1} + \frac{F(x_{[100F]}) - F(x'_{j-1})}{F(x'_j) - F(x'_{j-1})} (x'_j - x'_{j-1})$$

Beispiel: Man bestimme graphisch die Quantilen $x_{[15,9]}$, $x_{[25]}$, $x_{[50]}$, $x_{[75]}$, $x_{[84,1]}$ der Meßwerte aus Tab. 30, dargestellt in Abb. 30.

Der Abb. 30 entnimmt man

$x_{[15,9]} = 35$; $x_{[25]} = 40$; $x_{[50]} = 56$; $x_{[75]} = 63$;

$x_{[84,1]} = 68$

Eine explizite Berechnung der Vertrauensbereiche von $m_{[100F]}$ bzw. $x_{[100F]}$ für Stichproben kleinen als auch großen Umfanges ist schwierig. Man schätzt hier den Vertrauensbereich am besten zeichnerisch mit Hilfe der Zufallsbereiche der Summenkurve F ab.

Zieht man aus einer stetigen Grundgesamtheit mit Hilfe der Summenkurve $\emptyset(x)$ eine Stichprobe vom Umfang n, so gilt für den Zufallsbereich der empirischen Summenhäufigkeit $F(x_{(m)})$ der nach Größe geordneten Elemente zur zweiseitigen statistischen Sicherheit

$$F(x_{(m)})_U \leq F(x_{(m)}) \leq F(x_{(m)})_O$$

$$\frac{1}{1 + \frac{\nu_1}{\nu_2} F_{1-\alpha/2}(\nu_1;\nu_2)} \leq F(x_{(m)}) \leq \frac{1}{1 + \frac{\nu_1}{\nu_2} F_{\alpha/2}(\nu_1;\nu_2)}$$

mit $\nu_1 = 2\,(n + 1 - m)$ und $\nu_2 = 2\,m$.*)

Man beachte, daß $F(x_{(m)})$ die empirische Summenkurve ist, $F_\alpha\,(\nu_1;\nu_2)$ aber Schwellenwerte der F-Verteilung sind, die man in den Tabellen 21, 22 und 23 im Band 1 oder im Anhang findet. m ist der Rang des Meßwertes x_i in der geordneten Stichprobe. Bei Stichproben kleinen Umfanges ist m unmittelbar durch Abzählen zu bestimmen, bei Stichproben großen Umfanges mit Hilfe der folgenden Gleichung zu berechnen:

$$m = n \cdot F(x_{(m)})$$

Abb. 31 zeigt Zufallsstreubereiche für verschiedene Werte von m/n als Funktion des Stichprobenumfanges n für konstante Werte der zweiseitigen statistischen Sicherheit $\check{S} = 0{,}90$. Man erkennt den weiten Bereich $| Fx_{(m)})_O - F(x_{(m)})_U |$

*) **Graf, U.; H.J. Henning; K. Stange; Formeln** und Tabellen der mathematischen Statistik, Berlin, Springer Verlag, 2. Auflage 1966

für kleine Werte von n und daß die Bereiche mit größer werdendem Stichprobenumfang gegen Null gehen.

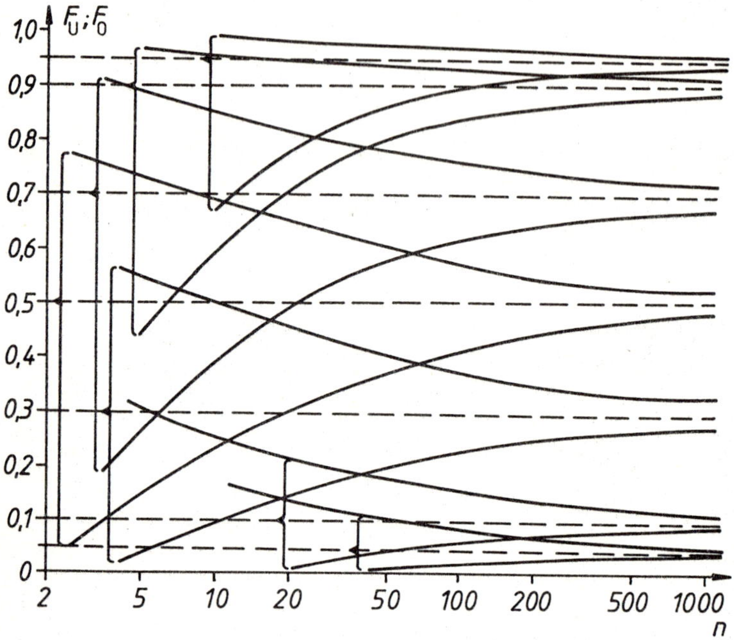

Abb. 31: Zufallsstreubereiche für Summenhäufigkeiten als Funktion des Stichprobenumfanges für die zweiseitige Sicherheit $\check{S}$ = 0,90.

Zur näherungsweisen Bestimmung des Vertrauensbereiches von $x_{[100F]}$ zeichnet man außer der empirischen Summenkurve $F(x_{(m)})$ auch noch die

Graphen von $F(x_{(m)})_O$ und $F(x_{(m)})_U$. Dann zieht man für die Bestimmung von $x_{[100F]U}$; $x_{[100F]}$; $x_{[100F]O}$ eine Parallele zur x-Achse durch den vorgegebenen Wert von F und bestimmt den Abszissenwert des Schnittpunktes der Geraden mit der Kurve $F(x_{(m)})_O$ als $x_{[100F]U}$, mit der Kurve $F(x_{(m)})_U$ als $x_{[100F]O}$, mit der Kurve $F(x_{(m)})$ als $x_{[100F]}$.

Beispiel: Man bestimme näherungsweise die Vertrauensbereiche für $x_{[25]}$, $x_{[50]}$, $x_{[75]}$ der Meßwerte aus Tab. 27 zur zweiseitigen statistischen Sicherheit $\check{S} = 0,9$.

Mit Hilfe der Gleichungen für $F(x_{(m)})_U$ und $F(x_{(m)})_O$ werden Werte der oberen und der unteren Grenzkurve zur statistischen Sicherheit $\check{S} = 0,9$ berechnet und zusammen mit den Werten aus Tab. 27, Spalte 1, 2, und 5 in die Tab. 33 aufgeführt. Diese Zahlenwerte sind in Abb. 32 eingetragen und zur "oberen", gemessenen bzw. "unteren" Summenhäufigkeitskurve verbunden.

Die Vorgehensweis zur Bestimmung von $x_{[100F]U}$, $x_{[100F]}$, $x_{[100F]O}$ wird am Beispiel von $F = 0,5$ in der Abb. 32 demonstriert. Analog kann man auch die anderen oberen und unteren Vertrauensgrenzen näherungsweise bestimmen.

m	$x_{(m)}$	$F(x_{(m)})$ Gl. (3)	$F(x_{(m)})_U$	$F(x_{(m)})_O$
1	167	0,077	0,004	0,221
2	170	0,154	0,030	0,337
3	171	0,231	0,072	0,438
4	172	0,308	0,123	0,528
5	174	0,385	0,181	0,639
6	176	0,462	0,245	0,685
7	178	0,538	0,315	0,755
8	181	0,615	0,391	0,819
9	183	0,692	0,473	0,877
10	183	0,769	0,562	0,928
11	187	0,846	0,661	0,970
12	192	0,923	0,779	0,996

Tab. 33: Summenhäufigkeiten und Zufallsbereich für Werte aus Tab. 27. $\check{S}$ = 0,9

$x_{[25]U} = 167,6;\ x_{[25]} = 171,2;\ x_{[25]O} = 176,1$

$x_{[50]U} = 171,6;\ x_{[50]} = 177,0;\ x_{[50]O} = 183,0$

$x_{[75]U} = 178\ ;\ x_{[75]} = 183\ ;\ x_{[75]O} = 190$

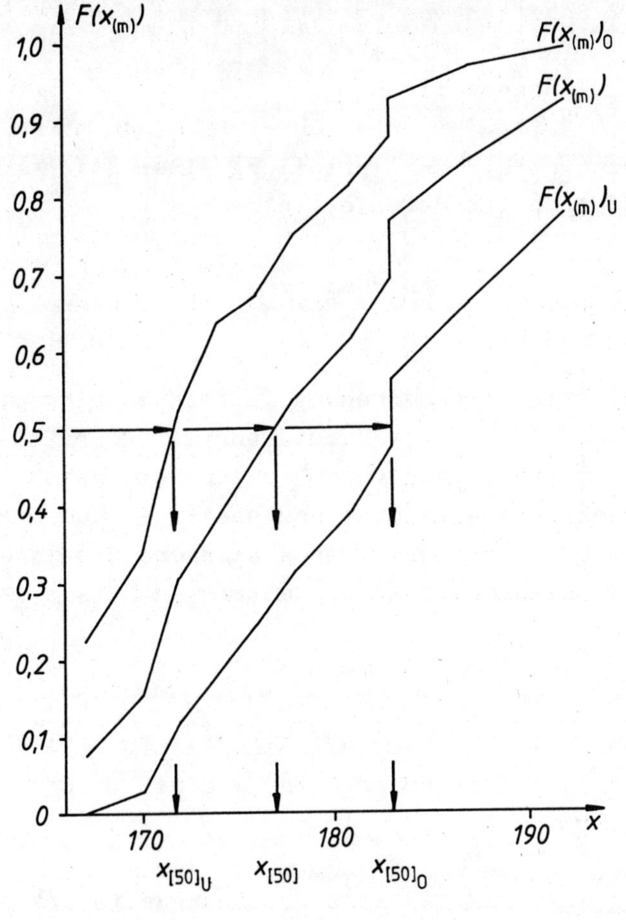

Abb. 32: Graphische Ermittlung der Vertrauensbereiche von $x_{[100F]}$

4.3.3.2 Schätzen von Streuungsparametern

4.3.3.2.1 Spannweite

Die Spannweite R der Verteilung einer Stichprobe vom Umfang n ist definiert als

$$R = x_{(n)} - x_{(1)} = x_E - x_A$$

Werden die einzelnen Merkmalswerte x_i unmittelbar bei der Stichprobenerhebung in Klassen eingeordnet, so daß man $x_{(n)}$, $x_{(1)}$ nicht mehr einer Urliste entnehmen kann, dann wird R angenähert durch die Differenz der Werte des rechtsseitigen Endpunktes x'_k der obersten, der k-ten Klasse und des linksseitigen Endpunktes x'_0 der untersten Klasse bestimmt

$$R \lessapprox x'_k - x'_0$$

Die Spannweite R dient als Schnellinformation über die Streuung der Meßwerte bei kleinem Stichprobenumfang.

<u>Beispiel:</u> Man bestimme die Spannweite der Meßwerte aus Tab. 25.

Man findet $x_{(12)} = x_2 = 192$

$x_{(1)} = x_{12} = 167$

$R = 192 - 167 = 35$

4.3.3.2.2 Varianz und Standardabweichung

Den Schätzwert für die Varianz einer Grundgesamtheit, die sogenannte empirische Varianz, berechnet man aus den n Merkmalswerten einer unabhängigen Stichprobe (Stichprobe mit Zurücklegen oder unendlicher Grundgesamtheit) für den Fall, daß der Erwartungswert der Grundgesamtheit bekannt ist aus der Gleichung:

$$\check{s}^2 = \frac{1}{n} \sum_{i=1}^{n} (x_i - \mu)^2$$

bzw. für den Fall, daß der Erwartungswert durch den arithmetischen Mittelwert $\bar{x}$ geschätzt wird, nach der Gleichung (vgl. Kap. 3.6.2.3)

$$s^2 = \frac{1}{n-1} \sum_{i=1}^{n} (x_i - \bar{x})^2 \quad ; \quad n \geqq 2$$

Bei Verwendung eines beliebigen Hilfswertes a gilt auch

$$s^2 = \frac{1}{n-1} \left[\sum_{i=1}^{n} (x_i - a)^2 - n\,(\bar{x} - a)^2 \right]$$

Aus praktischen Erwägungen wählt man oft $a \approx \bar{x}$.

Der positive Wert s der Quadratwurzel aus der Varianz ist die empirische Standardabweichung.

<u>Beispiel:</u> Man berechne die Varianz s^2 und die Standardabweichung s der Werte aus Tab. 25.

Für die Werte aus Tab. 25 errechnete sich $\bar{x}$ = 177,833. Hilfswert a = 178. Die für die Bestimmung von s^2 und s notwendigen Zwischenrechnungen sind in Tab. 34 aufgeführt.

i	x_i	$(x_i - a)$	$(x_i - a)^2$
1	183	5	25
2	192	14	196
3	183	5	25
4	176	-2	4
5	174	-4	16
6	181	3	9
7	171	-7	49
8	178	0	0
9	170	-8	64
0	172	-6	36
11	187	+9	81
12	167	-11	121
Σ			626

Tab. 34: Rechenwerte zur Bestimmung der empirischen Standardabweichung

$$s^2 = \frac{1}{12-1}\left[626 - 12\,(177{,}833 - 178)^2\right] = 56{,}940$$

$$s = 7{,}546$$

Die Berechnung der Varianz und der Standardabweichung bei klassierten Stichproben erfolgt analog zu der Berechnung des arithmetischen Mittelwertes, indem man sich wieder alle Meßwerte n_j einer Klasse in der Klassenmitte x''_j zusammengefaßt vorstellt.

Für den Fall, daß der Erwartungswert μ durch $\bar{x}$ geschätzt wird, gilt

$$s^2 = \frac{1}{n-1} \left[\sum_{j=1}^{k} n_j \, (x''_j - \bar{x})^2 \right]$$

Für den Sonderfall konstanter Klassenweite $w_j = w$ kann man die Gleichung nach Einführung eines Hilfswertes auch umformen in

$$s^2 = \frac{1}{n-1} \left[\sum_{j=1}^{k} \left((x''_j - a)^2 \, n_j \right) - n \, (\bar{x} - a)^2 \right]$$

Wie beim Mittelwert $\bar{x}$ ist auch der mit Hilfe von Klasseneinteilungen berechnete Wert s^2 ein Näherungswert für die aus den Einzelwerten bestimmte Varianz.

Beispiel: Man berechne Varianz und Standardabweichung für die klassierten Werte der Tab. 29.

$\bar{x} = 52{,}075$; $n = 80$; $a = 50$

Die zur Bestimmung der Ergebnisse notwendigen Zwischenrechnungen sind in Tab. 35 aufgeführt.

j	x''_j	n_j	x''_j-a	$(x''_j-a)^2\ n_j$
1	5,5	1	-44,5	1980,25
2	14,5	2	-35,5	2520,50
3	23,5	4	26,5	2809,00
4	32,5	8	-17,5	2450,00
5	41,5	12	-8,5	867,00
6	50,5	13	0,5	3,25
7	59,5	22	9,5	1985,50
8	68,5	11	18,5	3764,75
9	77,5	5	27,5	3781,25
0	86,5	2	36,5	2664,40
Σ		80		22826

Tab. 35: Rechenwerte zur Bestimmung der Standardabweichung

$$s^2 = \frac{1}{79} \left[22826 - 80\ (52{,}075 - 50)^2 \right] = 284{,}576$$

$$s = 16{,}869$$

Bei diesem Beispiel ergibt sich das Verhältnis $w/s \approx 0{,}5$. Damit ist nach Abb. 28 etwa eine relative Ungenauigkeit von 1 % für s zu erwarten.

Für den Fall, daß man die gemeinsame Varianz s^2 von den aus mehreren Stichproben bestimmten Einzelwerten, Mittelwerten, Varianzen errechnen will, ohne erneut die umfangreiche Rechnung mit den Einzelwerten durchzuführen, kann man die im folgenden hergeleitete Gleichung verwenden.

Für die weitere Erklärung des Verfahrens ist es vorteilhaft, zunächst die im folgenden verwendeten Symbole zu erklären.

l : Anzahl der verschiedenen Stichproben ($i = 1; 2; ...; l$)

$n_{i;-}$: Stichprobenumfang der i-ten Stichprobe

$x_{i;j}$: j-ter Merkmalswert der i-ten Stichprobe $j = 1; 2; ...; n_{i;-}$

$\bar{x}_{i;-}$: Arithmetischer Mittelwert der i-ten Stichprobe

$s^2_{i;-}$: Empirische Varianz der i-ten Stichprobe

n : Summe aller Stichprobenelemente

$$n = \sum_{i=1}^{l} n_{i;-}$$

$\bar{x}$: Gemeinsamer arithmetischer Mittelwert aller Stichproben

$$\bar{x} = \frac{1}{n} \sum_{i=1}^{l} n_{i;-} \, \bar{x}_{i;-}$$

s^2 : Gemeinsame Varianz aller Stichproben

Die Varianz aller Meßwerte ist definiert als

$$s^2 = \frac{1}{n-1} \left\{ \sum_{j=1}^{n_{1;-}} (x_{1;j}-\bar{x})^2 + \sum_{j=1}^{n_{2;}} (x_{2;j}-\bar{x})^2 + \ldots + \sum_{j=1}^{n_{l;-}} (x_{l;j}-\bar{x})^2 \right\}$$

Diese Gleichung läßt sich mit Hilfe der Hilfsgrößen $a_i = \bar{x}_{i;-}$ umformen in

$$s^2 = \frac{1}{n-1} \left\{ \left[\sum_{j=1}^{n_{1;-}} (x_{1;j} - \bar{x}_{1;-})^2 + n_{1;-}(\bar{x}-\bar{x}_{1;-})^2 \right] + \ldots + \left[\sum_{j=1}^{n_{l;-}} (x_{l;j} - \bar{x}_{l;-})^2 + n_{l;-}(\bar{x}-\bar{x}_{l;-})^2 \right] \right\}$$

In dieser Gleichung sind die Summenterme bis auf die Faktoren $(n_{i;-} - 1)$ die Varianzen $s^2_{i;-}$, so daß man die Glieder jeweils zu zwei Summen zusammenfassen kann.

$$s^2 = \frac{1}{n-1}\left\{\sum_{i=1}^{l}(n_{i;-}-1)s^2_{i;-} + \sum_{i=1}^{l} n_{i;-}(\bar{x}^2 - 2\bar{x}\bar{x}_{i;-} + \bar{x}^2_{i;-})\right\}$$

$$= \frac{1}{n-1}\left\{\sum_{i=1}^{l}\left((n_{i;-}-1)s^2_{i;-}\right) + \left(\bar{x}^2\sum_{i=1}^{l} n_{i;-}\right) - 2\left(\bar{x}\sum_{i=1}^{l} n_{i;-}\bar{x}_{i;-}\right) + \sum_{i=1}^{l}\left(n_{i;-}\bar{x}^2_{i;-}\right)\right\}$$

$$= \frac{1}{n-1}\left\{\sum_{i=1}^{l}(n_{i;-}-1)s^2_{i;-} + n\bar{x}^2 - 2\bar{x}n\bar{x} + \sum_{i=1}^{l} n_{i;-}\bar{x}^2_{i;-}\right\}$$

$$s^2 = \frac{1}{n-1}\left\{\left(\sum_{i=1}^{l}(n_{i;-}-1)s^2_{i;-}\right) + \left(\sum_{i=1}^{l} n_{i;-}\bar{x}^2_{i;-}\right) - n\,\bar{x}^2\right\}$$

Die letzte Gleichung ermöglicht die Berechnung der Varianz einer aus mehren einzelnen Stichproben zusammengesetzten neuen Stichprobe aus den Schätzwerten der einzelnen Stichproben, ohne daß man auf die Einzelwerte der Stichproben zurückgreifen muß. Die Formel läßt sich auch für den Sonderfall anwenden, daß eine der l Stichproben ($l > 1$) nur den Umfang $n_{i;-} = 1$ besitzt - z.B. ein bei den Rechnungen nachträglich zu berücksichtigender Wert - dann ist der Term $(n_{i;-} - 1)\ s^2_{i;-} = 0$ zu setzen.

<u>Beispiel:</u> Man berechne den Mittelwert und die Varianz einer Stichprobe, die sich aus den drei Stichproben zusammensetzt.

i	$n_{i;-}$	$\bar{x}_{i;-}$	$s^2_{i;-}$
1	4	7	2
2	7	2	3
3	1	6	-

Tab. 36: Daten der drei Stichproben

$$n = \sum_{i=1}^{3} n_{i;-} = 4 + 7 + 1 = 12$$

$$\bar{x} = \frac{1}{n} \sum_{i=1}^{3} n_{i;-}\bar{x}_{i;-} = \frac{1}{12} (4 \cdot 7 + 7 \cdot 2 + 1 \cdot 6) = 4$$

$$s^2 = \frac{1}{11} \left\{ 3 \cdot 2 + 6 \cdot 3 + 0 + 4 \cdot 7^2 + 7 \cdot 2^2 + 1 \cdot 6^2 - 12 \cdot 4^2 \right\}$$

$$= \frac{1}{11} \cdot 92 = 8{,}364$$

Die Gleichung für die Vertrauensgrenzen der Varianz σ^2, die mit Hilfe einer Stichprobe vom Umfange n aus einer normalverteilten Grundgesamtheit berechnet werden sollen, sind bereits in Kapitel 3.6.2.3 hergeleitet worden.

Es gilt für die einseitigen Vertrauensgrenzen zur Sicherheit S = 1 - α

$$\sigma^2_U = \frac{(n - 1)s^2}{\chi^2_{1-\alpha;\nu}} \quad ; \quad \sigma^2_0 = \frac{(n - 1)s^2}{\chi^2_{\alpha;\nu}}$$

und bei zweiseitiger statistischer Sicherheit $\check{S} = 1 - \alpha$

$$\frac{(n - 1)s^2}{\chi^2_{1-\alpha/2;\nu}} \leqq \sigma^2 \leqq \frac{(n - 1)s^2}{\chi^2_{\alpha/2;\nu}}$$

Werte der χ^2-Verteilung können der Tab. 16 im Band 1 oder des Anhanges entnommen werden.

<u>Beispiel:</u> Unter der Annahme, daß die Meßwerte des Beispiels in der Tab. 35 aus einer Normalverteilung stammen, ist der zweiseitige Vertrauensbereich für σ^2 zur zweiseitigen statistischen Sicherheit $\check{S} = 0{,}90$ zu berechnen. Es wurde $s^2 = 285$ ermittelt.

$$\frac{(80 - 1) \cdot 285}{\chi^2_{1 - 0{,}05;\ 79}} \leqq \sigma^2 \leqq \frac{(80 - 1)\ 285}{\chi^2_{0{,}05;\ 79}}$$

$$\frac{79 \cdot 285}{100{,}7} \leqq \sigma^2 \leqq \frac{79 \cdot 285}{59{,}5}$$

$$223 \leqq \sigma^2 \leqq 378$$

4.3.3.3 Schätzen von Formmaßen

4.3.3.3.1 Schiefe und Wölbung

Die Definitionen für die Schiefe γ_1 und die Wölbung γ_2 wurden für Verteilungen einer Grundgesamtheit, deren Erwartungswert μ und deren Varianz σ^2 bekannt sind, im Abschnitt 3.5 gegeben und für einige Verteilungen berechnet. Es waren z.B. sowohl die Schiefe als auch die Wölbung einer Normalverteilung identisch 0 (siehe 3.6.2.1).

Die Gleichungen für die Verteilungen der Schiefe bzw. der Wölbung sowie deren Erwartungswerte und Varianzen werden im Rahmen dieses Buches nicht hergeleitet.

Der Schätzwert für die Schiefe einer Grundgesamtheit, die empirische Schiefe g_1, berechnet man aus den n Merkmalswerten x_i einer unabhängigen Stichprobe für den Fall, daß Erwartungswert μ und Variant σ^2 bekannt sind, zu

$$g_1 = \frac{1}{n} \cdot \frac{1}{\sigma^3} \sum_{i=1}^{n} (x_i - \mu)^3 .$$

Für den für die Anwendungen wichtigeren Fall, daß der Erwartungswert durch $\bar{x}$, die Standardabweichung durch s geschätzt werden, bestimmt man g_1 mit Hilfe der folgenden Gleichung

$$g_1 = \frac{n}{(n-1)(n-2)} \frac{1}{s^3} \sum_{i=1}^{n} (x_i - \bar{x})^3.$$

Für den Fall, daß die Grundgesamtheit, aus der die Stichproben gezogen werden, mindestens annähernd normalverteilt ist, ist $\varphi(g_1)$ auch normalverteilt mit der Varianz *)

$$s_{g_1}^2 = \frac{6(n-1)}{(n+1)(n+3)}$$

bei bekanntem μ und σ und

$$s_{g_1}^2 = \frac{6n(n-1)}{(n-2)(n+1)(n+3)}$$

bei durch $\bar{x}$ und s^2 geschätzten Parametern.

Der Schätzwert für die Wölbung einer Verteilung, die empirische Wölbung g_2, berechnet man aus den n Einzelwerten x_i einer Stichprobe bei bekanntem Erwartungswert und bekannter Standardabweichung der Grundgesamtheit mit Hilfe der folgenden Gleichung

$$g_2 = \frac{1}{n} \cdot \frac{1}{\sigma^4} \sum_{i=1}^{n} (x_i - \mu)^4 - 3$$

*) A. Linder, Statistische Methoden, Birkhäuser Verlag, Basel, Stuttgart, 4. Aufl. 1964

Für den Fall, daß der Erwartungswert durch $\bar{x}$, die Varianz durch s^2 geschätzt wird, gilt bei Einzelwerten

$$g_2 = \frac{n(n+1)}{(n-1)(n-2)(n-3)} \cdot \frac{1}{s^4} \sum_{i=1}^{n} (x_i - \bar{x})^4 - \frac{3(n-1)^3}{(n-1)(n-2)(n-3)}$$

Für den Sonderfall einer annähernd normalverteilten Grundgesamtheit ist auch $\varphi(g_2)$ normalverteilt mit der Varianz

$$s_{g_2}^2 = \frac{24n(n-2)(n-3)}{(n-1)^2(n+3)(n+5)}$$

bei bekannten Parametern μ, σ und bei unbekannten Parametern

$$s_{g_2}^2 = \frac{24n(n-1)^2}{(n-3)(n-2)(n+3)(n+5)}$$

Beispiel: Man berechne mit den Werten aus Tab. 25 die empirische Schiefe und Wölbung und deren Standardabweichungen ($\bar{x}$ = 177,8; s = 7,5). Die wichtigsten Zwischenergebnisse bei der Berechnung sind in der Tab. 37 aufgeführt.

$$g_1 = \frac{12}{11 \cdot 10} \cdot \frac{1}{7{,}5^3} \cdot 1651{,}6 = 0{,}43$$

$$s_{g_1}^2 = \frac{6 \cdot 12 \cdot 11}{10 \cdot 13 \cdot 15} = 0{,}41 \; ; \; s_{g_1} = 0{,}64$$

i	x_i	$x_i-\bar{x}$	$(x_i-\bar{x})^3$	$(x_i-\bar{x})^4$
1	183	5,2	140,6	731
2	192	14,2	2863,3	40658
3	183	5,2	140,6	731
4	176	-1,8	-5,8	113,3
5	174	-3,8	-54,9	209
6	181	3,2	32,8	105
7	171	-6,8	-314,4	2138
8	178	0,2	0	0
9	170	-7,8	-474,6	3702
0	172	-5,8	-195,0	1132
11	187	9,2	778,7	7164
12	167	-10,8	-1259,7	13605
Σ			1651,6	71307

Tab. 37: Rechenwerte zur Bestimmung von Schiefe und Wölbung

$$g_2 = \frac{12 \cdot 13}{11 \cdot 10 \cdot 9} \cdot \frac{1}{7{,}5^4} \cdot 71307 - 3\,\frac{11^3}{11 \cdot 10 \cdot 9}$$

$$= -\,0{,}48$$

$$s^2_{g_2} = \frac{24 \cdot 12 \cdot 11^2}{9 \cdot 10 \cdot 15 \cdot 17} = 1{,}52;\quad s_{g_2} = 1{,}23$$

Aus den Gleichungen ergeben sich die Schiefe $g_1 = 0{,}43$ mit einer Standardabweichung von 0,64 und die Wölbung $g_2 = -\,0{,}48$ mit einer Standardabweichung 1,23.

Konfidenzbereiche für die Schiefe und die Wölbung werden hier für den allgemeinen Fall nicht angegeben. Falls die Voraussetzungen einer Normalverteilung allerdings gegeben sind, kann man die Bereiche wie im Kap. 4.3.3.1.1 für den arithmetischen Mittelwert gezeigt, berechnen. Nur sind hier die zu wählenden Freiheitsgrade $\nu = n - 2$.

Bei den Werten des Beispieles erkennt man, daß $|g_1| < s_{g_1}$, $|g_2| < s_{g_2}$. Dann wird aufgrund der Erfahrungen bei einer größeren statistischen Sicherheit $\check{S}$ der Wert 0 in beiden Fällen in das Konfidenzintervall fallen. (γ_1 und γ_2 waren bei einer Normalverteilung nach Definition gleich 0.)

4.3.3.4 Schätzung von Anteilswerten

Eine Grundgesamtheit vom Umfang N enthalte M Elemente mit dem Merkmal C, (N-M) Elemente mit dem Merkmal Nicht-C. Der relative Anteil der Elemente mit dem Merkmal C in der Grundgesamtheit beträgt dann

$$P(C) = \pi = \frac{M}{N}$$

Zieht man nun aus dieser Grundgesamtheit Stichproben mit Zurücklegen vom Umfang n, so ist die Zufallsvariable X, die die Anzahl der Elemente mit dem Merkmal C in der Stichprobe angibt, binominalverteilt (vgl. Kap. 3.6.1.3).

$$P(X) = \binom{n}{X} \pi^{X} (1-\pi)^{n-X}$$

Der Erwartungswert bzw. die Varianz ergeben sich zu

$$M\{X\} = \mu = n\pi \quad ; V\{X\} = \sigma^2 = n\pi(1-\pi)$$

Ist nun der Anteilswert π unbekannt und soll sein Wert durch eine Stichprobe vom Umfang n geschätzt werden, so ist die beste Stichprobenfunktion gegegeben durch den relativen Anteil der Elemente mit dem Merkmal C in der Stichprobe. Die Gleichung für die Realisierung durch eine Stichprobe für eine Punktschätzung lautet dann

$$p = \frac{1}{n} x.$$

Die Vertrauensgrenzen der Anteilswerte binominaler Größen sind nach Graf, Henning, Stange*) zur zweiseitigen statistischen Sicherheit $S = 1 - \alpha$ gleich

$$\Pi_U = \frac{np}{np+(n-np+1)F_{1-\alpha/2},(\nu_1;\nu_2)} \text{ mit } \begin{cases} \nu_1 = 2(n-np+1) \\ \nu_2 = 2np \end{cases}$$

$$\Pi_O = \frac{(np+1)\ F_{1-\alpha/2}(\nu_1;\nu_2)}{n-np+(np+1)F_{1-\alpha/2}\ (\nu_1;\nu_2)} \text{ mit } \begin{cases} \nu_1 = 2(np+1) \\ \nu_2 = 2(n-np) \end{cases}$$

Die Gleichungen für die Grenzen bei einseitigen statistischen Sicherheiten sehen fast gleich aus, es ist nur jeweils $F_{1-\alpha/2}\ (\nu_1;\nu_2)$ durch $F_{1-\alpha}(\nu_1;\nu_2)$ zu setzen.

Die Schwellenwerte der F-Verteilung kann man den Tab. 21, 22, 23, 24 entnehmen.

Die Berechnung der Vertrauensgrenzen mit diesen Formeln ist verhältnismäßig aufwendig. Aus diesem Grunde gibt es Näherungsformeln für den Fall, daß man die Binominalverteilung durch eine Normalver-

*) s.o.

teilung annhähern darf. Nach den Ausführungen in Kap. 3.6.2.6 ist die Variable $U = (X-n\pi)/\sqrt{n\pi(1-\pi)}$ näherungsweise standardnormalverteilt, wenn $n\pi(1-\pi) \geqq 10$. Man erhält dann nach Kap. 4.3.3.1 die Grenzen des Konfidenzintervalls zur zweiseitigen statistischen Sicherheit zu

$$\pi_U = p - u_{1-\alpha/2}\sqrt{\frac{\pi(1-\pi)}{n}}$$

$$\pi_O = p + u_{1-\alpha/2}\sqrt{\frac{\pi(1-\pi)}{n}}$$

Mit Hilfe dieser Gleichungen kann man aber die Grenzen noch nicht unmittelbar ausrechnen, denn die Gleichungen enthalten auf der rechten Seite noch den unbekannten und zu bestimmenden Parameter π. Durch Quadrieren der Ausgangsungleichung

$$\left|\frac{x-n\pi}{\sqrt{n\pi(1-\pi)}}\right| \leqq u_{1-\alpha/2}$$

und Auflösen nach π erhält man über den Zwischenschritt

$$\left|\pi - \frac{2x + u^2_{1-\alpha/2}}{2(n+u^2_{1-\alpha/2})}\right| \leqq \frac{u_{1-\alpha/2}}{2(n+u^2_{1-\alpha/2})}\sqrt{4x + u^2_{1-\alpha/2} - \frac{4x^2}{n}}$$

die Grenzen zur zweiseitigen statistischen Sicherheit, wobei das Stichprobenergebnis $p = x/n$ einzuführen ist:

$$\pi_U = \frac{1}{n+u^2_{1-\alpha/2}}\left[np + \frac{u_{1-\alpha/2}}{2} - u_{1-\alpha/2}\sqrt{np(1-p) + \frac{u^2_{1-\alpha/2}}{4}}\right]$$

$$\pi_0 = \frac{1}{n+u^2_{1-\alpha/2}}\left[np + \frac{u^2_{1-\alpha/2}}{2} + u_{1-\alpha/2}\sqrt{np(1-p) + \frac{u^2_{1-\alpha/2}}{4}}\right]$$

Die Grenzen zur zweiseitigen statistischen Sicherheit erhält man, indem man für $u_{1-\alpha/2}$ jeweils $u_{1-\alpha}$ einsetzt. Eine noch weitergehende Vereinfachung der Gleichung für das Konfidenzintervall darf man verwenden, wenn neben der Erfüllung der Bedingung $n\pi(1-\pi) \geq 10$ auch noch $\pi \approx 0{,}5$ ist. Dann ersetzt man in den Ausgleichungen für π_U, π_0 den Wert π durch die experimentell bestimmte Häufigkeit und erhält für die Grenzen zur zweiseitigen statistischen Sicherheit.

$$\pi_U = p - u_{1-\alpha/2}\sqrt{\frac{p(1-p)}{n}}$$

$$\pi_0 = p + u_{1-\alpha/2}\sqrt{\frac{p(1-p)}{n}}$$

In den Gleichungen muß für die Berechnung der Grenzen zur einseitigen statistischen Sicherheit S jeweils $u_{1-\alpha/2}$ durch $u_{1-\alpha}$ ersetzt werden. Die Werte von u kann man den Tab. 10, 11, 12 des Anhanges entnehmen.

<u>Beispiel:</u> Ein Würfel wurde 104-mal geworfen, wobei man 14 mal die Augenzahl 1 geworfen hat. Man berechne den Konfidenzbereich zur statistischen Sicherheit S = 0,95 nach den drei Gleichungen.

Der experimentelle Befund ist $p = 14/104 = 0{,}1346$; $n = 104$

a) Exakte Berechnung der Grenzen

Berechnung von π_U:

$$\nu_1 = 2(n-pn+1) = 182; \quad \nu_2 = 2 \cdot np = 28$$

$$F_{0,975}\ (182;\ 28) = 1{,}89$$

$$\pi_U = \frac{14}{14 + (104-14+1) \cdot 1{,}89} = 0{,}0753$$

Berechnung von π_0

$$\nu_1 = 2(np+1) = 2(14+1) = 30; \quad \nu_2 = 2n(1-p) = 180$$

$$F_{0,975}\ (30;\ 180) = 1{,}65$$

$$\pi_0 = \frac{(14+1) \cdot 1{,}65}{104 - 14 + (14+1)\ 1{,}65} = 0{,}2157$$

b) Formel hergeleitet aus der Ungleichung

Die Bedingung $n\pi(1-\pi) \geqq 10$ wird überprüft mit dem Schätzwert p.

$$np(1-p) = 104 \cdot \frac{14}{104}\left(1 - \frac{14}{104}\right) = 12{,}1 > 10$$

$u_{0,975} = 1,960$

$$\pi_U = \frac{1}{104+1,96^2}\left[14+\frac{1,96^2}{2} - 1,96\sqrt{14(1-\frac{14}{104})+\frac{1,96^2}{4}}\right]$$

$$= 0,073$$

$$\pi_0 = 0,2133$$

c) Formel mit π gleich p gesetzt.
Die Bedingung $p \approx 0,5$ ist nicht erfüllt.

$$\pi_U = 0,1346 - 1,96 \sqrt{\frac{0,1346(1-0,1346)}{104}}$$

$$= 0,0690$$

$$\pi_0 = 0,2002$$

Bei einem Vergleich der Ergebnisse von a), b) und c) stellt man gute Übereinstimmung zwischen den Werten aus a) und b) fest. Die Werte aus c) weichen wegen Nichteinhaltung der Voraussetzung ab.
Bei allen drei Ergebnissen liegt der Wert $\pi = 1/6$ eines idealen Würfels im Konfidenzbereich.

<u>Beispiel:</u> Bei der Befragung von 1000 Personen vor einer Wahl erklären 40 % der Befragten, die Partei A zu wählen, und 8 % erklären die Partei B zu wählen.

a) Man berechne die Konfidenzintervalle zur zweiseitigen statistischen Sicherheit $\check{S} = 0{,}95$ für beide Parteien einzeln.

b) Beide Parteien wollen eine Koalition eingehen. Man bestimme das Konfidenzintervall zur zweiseitigen statistischen Sicherheit $\check{S} = 0{,}95$.

Da $1000 \cdot 0{,}08\,(1-0{,}08) = 73{,}6 > 10$

und

$$1000 \cdot 0{,}40\,(1-0{,}40) = 240 > 10$$
$$1000 \cdot 0{,}48\,(1-0{,}48) = 249 > 10$$

darf die Näherung basierend auf der Ungleichung verwendet werden.

$u_{0,975} = 1{,}96$

a) Konfidenzbereich der Partei A

$$\pi_{AU} = \frac{1}{1000+1{,}96^2}\left[400+\frac{1{,}96^2}{2}-1{,}96\sqrt{400\cdot 0{,}6+\frac{1{,}96^2}{4}}\right]$$

$$= 0{,}3700$$

$$\pi_{AO} = 0{,}4307$$

Konfidenzbereich der Partei B

$$\pi_{BU} = \frac{1}{100+1,96^2}\left[80+\frac{1,96^2}{2}-1,96\sqrt{80\cdot 0,92+\frac{1,96^2}{4}}\right]$$

$$= 0,0647$$

$$\pi_{BO} = 0,0984$$

b) Konfidentintervall der Parteien A + B

$$\pi_{(A+B)U} = \frac{1}{1000+1,96^2}\left[480+\frac{1,96^2}{2}-1,96\sqrt{480\cdot 0,52+\frac{1,96^2}{4}}\right]$$

$$= 0,4493$$

$$\pi_{(A+B)O} = 0,5110$$

Nach den Rechnungen ist zu erwarten, daß die Partei A ein Wahlergebnis zwischen 37,0 und 43,1 %, die Partei B zwischen 6,47 und 9,84 % erwarten kann. Das Ergebnis beider Parteien zusammen wird zwischen 44,9 und 51,1 % mit einer statistischen Sicherheit von 95 % liegen. Man beachte, daß die Konfidenzbereiche der Aufgabe a) sich nicht zum Konfidenzbereich der Aufgabe b) addieren.

4.3.3.5 Angabe von Zahlenwerten

Bei Berechnungen von Schätzwerten für Parameter verlockt die Verwendung von Taschenrechnern oft zur Angabe von Zahlen mit großer Zifferzahl. Man täuscht damit eine nicht vorhandene Genauigkeit vor. Vielmehr ist jeder ermittelte Parameter mit einer Unsicherheit ε versehen, die bei Abwesenheit systematischer Fehler mindestens so groß ist, daß mit vorgegebener statistischer Sicherheit der wahre Wert des Parameters im gesamten Konfidenzintervall zu erwarten ist. Es hat also wenig Sinn, noch die Zahlenwerte solcher Stellen anzugeben, die folgend aus der Berechnung des Konfidenzintervalls völlig unsicher sind. Man gibt deshalb im allgemeinen nur die als zuverlässig erkannten Stellen und dann nur noch die erste unsichere Stelle an.

Bei der Festlegung des Wertes der statistischen Sicherheit, ob einseitig oder zweiseitig, verwendet man in der Physik oft den 1-s-Bereich, das entspricht bei einer Normalverteilung 68 % der Meßwerte. In der Technik wählt man oft eine Sicherheit von 95 % oder 99 % und ermittelt sich damit z.B. die Zahlenwerte der Normal-, t- bzw. χ^2-Verteilung für die Bestimmung des Konfidenzintervalls. Da in dessen Berechnung immer dann, wenn die Standardabweichung der Grundgesamtheit unbekannt ist, die empirische Standardabweichung eingeht, kann man die Unsicherheit nur so genau bestimmen, wie man die Standardabweichung kennt.

Deren relative Unsicherheit nimmt zwar mit größer werdendem Stichprobenumfang ab, ist aber im allgemeinen sehr groß, wie es im Kapitel 3.6.2.3 gezeigt worden ist (z.B. $\Delta s/s = 0{,}3$ bei $n = 36$ und $\check{S} = 0{,}95$ bzw. $n = 110$ und $\check{S} = 0{,}999$). Aus diesem Grunde gibt man Unsicherheiten ε für Stichproben vom Umfang $n < 200$ bei statistischen Sicherheiten von 95 oder mehr Prozent höchstens mit zwei geltenden Ziffern an, wobei der Zahlenwert im Zweifelsfall stets nach oben gerundet wird.

Für die Angabe der Ergebniszahl wird nun nach DIN 1333, Blatt 1, empfohlen, an derjenigen Dezimalstelle zu runden, deren Stellenwert größer als $\varepsilon/30$, aber nicht größer als $\varepsilon/3$ ist, also an der Stelle, an der $\varepsilon/3$ seine erste von Null verschiedene Ziffer besitzt. Die Unsicherheit selbst soll auch an dieser Stelle gerundet werden.

<u>Beispiel:</u> Man berechne den arithmetischen Mittelwert $\bar{x}$ aus den Werten der Tab. 28 ($\check{S} = 0{,}95$).
In früheren Beispielen berechnete man die Werte

$\bar{x} = 51{,}5875$; $s = 17{,}266$; $n = 80$

Nach den hier mitgeteilten Regeln ermittelt man sich die Unsicherheit

$$\varepsilon = t_{0,975;\,79} \cdot \frac{17,266}{\sqrt{80}}$$

$$= 1,995 \cdot \frac{17,266}{\sqrt{80}}$$

$$= 3,8511$$

Da $\varepsilon/3 = 1,3$ eine erste gültige Ziffer vor dem Komma besitzt, ist diese Stelle zu runden. Damit lautet das Ergebnis

$$\bar{x} = 52 \pm 4$$

Nach DIN 1333 sollen die weggelassenen Ziffern nicht durch Nullen ersetzt werden. Deshalb darf ein Komma nicht weiter rechts als unmittelbar neben der Rundungsstelle stehen; nötigenfalls muß das Ergebnis als Produkt der Zahl mit nach links verschobenem Komma multipliziert mit einer entsprechenden Zehnerpotenz dargestellt werden. Im Beispiel

$$\bar{x} = (5,2 \pm 0,4) \cdot 10^1$$

Anhang

u_i	(u_1)	Ø(u_1)	u_1	(u_1)	Ø(u_1)
0,0	0,3989	0,5000	2,0	0,0540	0,9773
0,1	0,3970	0,5398	2,1	0,0440	0,9821
0,2	0,3910	0,5793	2,2	0,0355	0,9861
0,3	0,3814	0,6179	2,3	0,0283	0,9893
0,4	0,3683	0,6554	2,4	0,0224	0,9918
0,5	0,3521	0,6915	2,5	0,0175	0,9938
0,6	0,3332	0,7257	2,6	0,0136	0,9953
0,7	0,3123	0,7580	2,7	0,0104	0,9965
0,8	0,2897	0,7881	2,8	0,0079	0,9974
0,9	0,2661	0,8159	2,9	0,0060	0,9981
1,0	0,2420	0,8413	3,0	0,0044	0,9987
1,1	0,2179	0,8643	3,1	0,0033	0,9990
1,2	0,1942	0,8849	3,2	0,0024	0,9993
1,3	0,1714	0,9032	3,3	0,0017	0,9995
1,4	0,1497	0,9192	3,4	0,0012	0,9997
1,5	0,1295	0,9332	3,5	0,0009	0,9998
1,6	0,1109	0,9452	3,6	0,0006	0,9998
1,7	0,0941	0,9554	3,7	0,0004	0,9999
1,8	0,0790	0,9641	3,8	0,0003	0,9999
1,9	0,0656	0,9713	3,9	0,0002	0,9999
2,0	0,0540	0,9773	4,0	0,0001	0,9999

Tabelle 10: Dichte und Wahrscheinlichkeitssummen der standardisierten Normalverteilung

S	u_O	x_O	S	u_U	x_U
0,500	0	$\mu + 0,000\sigma$	0,500	- 0,000	$\mu - 0,000\sigma$
0,600	0,253	$\mu + 0,253\sigma$	0,400	- 0,253	$\mu - 0,253\sigma$
0,700	0,524	$\mu + 0,524\sigma$	0,300	- 0,524	$\mu - 0,524\sigma$
0,800	0,842	$\mu + 0,842\sigma$	0,200	- 0,842	$\mu - 0,842\sigma$
0,900	1,282	$\mu + 1,282\sigma$	0,100	- 1,282	$\mu - 1,282\sigma$
0,950	1,645	$\mu + 1,645\sigma$	0,050	- 1,645	$\mu - 1,645\sigma$
0,975	1,960	$\mu + 1,960\sigma$	0,025	- 1,960	$\mu - 1,960\sigma$
0,990	2,326	$\mu + 2,326\sigma$	0,010	- 2,326	$\mu - 2,326\sigma$
0,995	2,576	$\mu + 2,576\sigma$	0,005	- 2,576	$\mu - 2,576\sigma$
0,999	3,090	$\mu + 3,090\sigma$	0,001	- 3,090	$\mu - 3,090\sigma$
0,841	1,000	$\mu + 1,000\sigma$	0,159	- 1,000	$\mu - 1,000\sigma$
0,977	2,000	$\mu + 2,000\sigma$	0,023	- 2,000	$\mu - 2,000\sigma$
≈0,999	3,000	$\mu + 3,000\sigma$	≈0,001	- 3,000	$\mu - 3,000\sigma$

Tab. 11: Obere bzw. untere Grenzen zu einseitigen statistischen Sicherheiten S

$\check{S}$	u_U	x_U	u_O	x_O
0,500	- 0,675	$\mu - 0,675\sigma$	0,675	$\mu + 0,675\sigma$
0,600	- 0,842	$\mu - 0,842\sigma$	0,842	$\mu + 0,842\sigma$
0,700	- 1,036	$\mu - 1,036\sigma$	1,036	$\mu + 1,036\sigma$
0,800	- 1,282	$\mu - 1,282\sigma$	1,282	$\mu + 1,282\sigma$
0,900	- 1,645	$\mu - 1,645\sigma$	1,645	$\mu + 1,645\sigma$
0,950	- 1,960	$\mu - 1,960\sigma$	1,960	$\mu + 1,960\sigma$
0,975	- 2,241	$\mu - 2,241\sigma$	2,241	$\mu + 2,241\sigma$
0,990	- 2,576	$\mu - 2,576\sigma$	2,576	$\mu + 2,576\sigma$
0,995	- 2,807	$\mu - 2,807\sigma$	2,807	$\mu + 2,807\sigma$
0,999	- 3,291	$\mu - 3,291\sigma$	3,291	$\mu + 3,291\sigma$
0,683	- 1,000	$\mu - 1,000\sigma$	1,000	$\mu + 1,000\sigma$
0,955	- 2,000	$\mu - 2,000\sigma$	2,000	$\mu + 2,000\sigma$
0,997	- 3,000	$\mu - 3,000\sigma$	3,000	$\mu + 3,000\sigma$

Tab. 12: Untere und obere Grenzen zu zweiseitigen statistischen Sicherheiten

ν \ Φ	0,005	0,010	0,0250	0,050
1	0,0000393	0,000157	0,000982	0,00393
2	0,0100	0,0201	0,0506	0,103
3	0,0717	0,115	0,216	0,352
4	0,207	0,297	0,484	0,711
5	0,412	0,554	0,831	1,145
6	0,676	0,872	1,237	1,635
7	0,989	1,239	1,690	2,167
8	1,344	1,646	2,180	2,733
9	1,735	2,088	2,700	3,325
10	2,156	2,558	3,247	3,940
11	2,603	3,053	3,816	4,575
12	3,074	3,571	4,404	5,226
13	3,565	4,107	5,009	5,892
14	4,075	4,660	5,629	6,571
15	4,601	5,229	6,262	7,261
20	7,434	8,260	9,591	10,851
25	10,520	11,524	13,120	14,611
30	13,787	14,953	16,791	18,493
35	17,192	18,509	20,569	22,465
40	20,707	22,164	24,433	26,509
50	27,991	29,707	32,357	24,764
60	35,535	37,485	40,482	43,188
70	43,275	45,442	48,758	51,739
80	51,172	53,540	57,153	60,391
90	59,196	61,754	65,647	69,126
100	67,328	70,065	74,222	77,930
120	83,852	86,924	91,573	95,705
140	100,655	104,035	109,137	113,659
160	117,680	121,346	126,870	131,756
180	134,885	138,821	144,741	149,969
200	152,241	156,432	162,728	168,279

0,10	0,20	0,30	0,40	Φ / ν
0,0158	0,0642	0,148	0,275	1
0,211	0,446	0,713	1,022	2
0,584	1,005	1,424	1,869	3
1,064	1,649	2,195	2,753	4
1,610	2,343	3,000	3,655	5
2,204	3,070	3,828	4,570	6
2,833	3,822	4,671	5,493	7
3,490	4,594	5,527	6,423	8
4,168	5,380	6,393	7,357	9
4,865	6,179	7,267	8,295	10
5,578	6,989	8,148	9,237	11
6,304	7,807	9,034	10,182	12
7,042	8,634	9,926	11,129	13
7,790	9,467	10,821	12,079	14
8,547	10,307	11,721	13,030	15
12,443	14,578	16,266	17,809	20
16,473	18,940	20,867	22,616	25
20,599	23,364	25,508	27,442	30
24,797	27,836	30,178	32,282	35
29,051	32,345	34,872	37,134	40
37,689	41,449	44,313	46,864	50
46,459	50,641	53,809	56,620	60
55,329	59,898	63,346	66,396	70
64,278	69,207	72,915	76,188	80
73,291	78,558	82,511	85,993	90
82,358	87,945	92,129	95,803	100
100,624	106,806	111,419	115,465	120
119,029	125,758	130,766	135,149	140
137,546	144,783	150,158	154,856	160
156,153	163,868	169,588	174,580	180
174,835	183,003	189,049	194,319	200

Tab. 16: Summenverteilung der χ^2-Verteilung

ν \ Φ	0,50	0,60	0,70	0,80
1	0,455	0,708	1,074	1,642
2	1,386	1,833	2,408	3,219
3	2,366	2,946	3,665	4,642
4	3,357	4,045	4,878	5,989
5	4,351	5,132	6,064	7,289
6	5,348	6,211	7,231	8,558
7	6,346	7,283	8,383	9,803
8	7,344	8,351	9,524	11,030
9	8,343	9,414	10,656	12,242
10	9,342	10,473	11,781	13,442
11	10,341	11,530	12,899	14,631
12	11,340	12,584	14,011	15,812
13	12,340	13,636	15,119	16,985
14	13,339	14,685	16,222	18,151
15	14,339	15,733	17,322	19,311
20	19,337	20,951	22,775	25,038
25	24,337	26,143	28,172	30,675
30	29,336	31,316	33,530	36,250
35	34,336	36,475	38,859	41,778
40	39,335	41,622	44,165	47,269
50	49,335	51,892	54,723	58,164
60	59,335	62,135	65,226	68,972
70	69,334	72,358	75,689	79,715
80	79,334	82,566	86,120	90,405
90	89,334	92,761	96,524	101,054
100	99,334	102,946	106,906	111,667
120	119,334	123,289	127,616	132,806
140	139,334	143,604	148,269	153,854
160	159,334	163,898	168,876	174,828
180	179,334	184,173	189,446	195,743
200	199,334	204,434	209,935	216,609

0,90	0,950	0,9750	0,990	0,995	Φ / ν
2,706	3,841	5,024	6,635	7,879	1
4,605	5,991	7,378	9,210	10,597	2
6,251	7,815	9,348	11,345	12,838	3
7,779	9,488	11,143	13,277	14,860	4
9,236	11,070	12,832	15,086	16,750	5
10,645	12,592	14,449	16,812	18,548	6
12,017	14,067	16,013	18,475	20,278	7
13,362	15,507	17,535	20,090	21,955	8
14,684	16,919	19,023	21,666	23,589	9
15,987	18,307	20,483	23,209	25,188	10
17,275	19,675	21,920	24,725	26,757	11
18,549	21,026	23,336	26,217	28,300	12
19,812	22,362	24,736	27,688	29,819	13
21,064	23,685	26,119	29,141	31,319	14
22,307	24,996	27,488	30,578	32,801	15
28,412	31,410	34,170	37,566	39,997	20
34,382	37,652	40,646	44,314	46,928	25
40,256	43,773	46,979	50,892	53,672	30
46,059	49,802	53,203	57,342	60,275	35
51,805	55,758	59,342	63,691	66,766	40
63,167	67,505	71,420	76,154	79,490	50
74,397	79,082	83,298	88,379	91,952	60
85,527	90,531	95,023	100,425	104,215	70
96,578	101,879	106,629	112,329	116,321	80
107,565	113,145	118,136	124,116	128,299	90
118,498	124,342	129,561	135,806	140,169	100
140,233	146,567	152,211	158,950	163,648	120
161,827	168,613	174,648	181,840	186,846	140
183,311	190,516	196,915	204,530	209,824	160
204,704	212,304	212,044	227,056	232,620	180
226,021	233,994	241,058	249,445	255,264	200

Tab. 16: Fortsetzung: Summenverteilung der χ^2-Verteilung

ν \ Φ	0,55	0,60	0,65	0,70	0,75	0,80	0,85
1	0,158	0,325	0,510	0,727	1,000	1,376	1,963
2	0,142	0,289	0,445	0,617	0,817	1,061	1,386
3	0,137	0,277	0,423	0,584	0,765	0,978	1,250
4	0,134	0,271	0,413	0,569	0,741	0,941	1,190
5	0,132	0,267	0,408	0,559	0,727	0,920	1,156
6	0,131	0,265	0,404	0,553	0,718	0,906	1,134
7	0,130	0,263	0,402	0,549	0,711	0,896	1,119
8	0,130	0,262	0,400	0,546	0,706	0,889	1,108
9	0,129	0,261	0,398	0,543	0,703	0,883	1,100
10	0,129	0,260	0,397	0,542	0,700	0,879	1,093
11	0,129	0,260	0,396	0,540	0,698	0,876	1,088
15	0,128	0,258	0,393	0,536	0,691	0,866	1,074
20	0,127	0,257	0,391	0,553	0,687	0,860	1,064
30	0,127	0,256	0,389	0,530	0,683	0,854	1,055
40	0,127	0,255	0,388	0,529	0,681	0,851	1,050
50	0,126	0,255	0,388	0,528	0,679	0,849	1,047
100	0,126	0,254	0,386	0,526	0,677	0,845	1,042
200	0,126	0,254	0,386	0,525	0,676	0,842	1,039
∞	0,126	0,253	0,385	0,524	0,674	0,842	1,036

0,90	0,95	0,975	0,990	0,995	0,999	0,9995	Φ / ν
3,078	6,314	12,71	31,82	63,66	318,3	636,6	1
1,886	2,920	4,303	6,965	9,925	22,33	31,60	2
1,638	2,353	3,182	4,541	5,841	10,22	12,94	3
1,553	2,132	2,776	3,747	4,604	7,173	8,610	4
1,476	2,015	2,571	3,365	4,032	5,893	6,859	5
1,440	1,943	2,447	3,143	3,070	5,208	5,959	6
1,415	1,895	2,365	2,998	3,499	4,785	5,405	7
1,397	1,860	2,306	2,896	3,355	4,501	5,041	8
1,383	1,833	2,262	2,821	3,250	4,297	4,781	9
1,372	1,812	2,228	2,764	3,169	4,144	4,587	10
1,363	1,796	2,201	2,718	3,106	4,025	4,437	11
1,341	1,753	2,131	2,602	2,947	3,733	4,073	15
1,325	1,725	2,086	2,528	2,845	3,552	3,850	20
1,310	1,697	2,042	2,457	2,750	3,385	3,646	30
1,303	1,684	2,021	2,423	2,704	3,307	3,551	40
1,298	1,676	2,009	2,403	2,678	3,262	3,495	50
1,290	1,660	1,984	2,365	2,626	3,174	3,389	100
1,286	1,653	1,972	2,345	2,601	3,131	3,339	200
1,282	1,645	1,960	2,326	2,576	3,090	3,291	∞

Tabelle 19 : Schwellenwerte der t-Verteilung

ν_2 \ ν_1	1	2	3	4	5	6	7	8	9
1	161	200	216	225	230	234	237	239	241
2	18,5	19,0	19,2	19,2	19,3	19,3	19,4	19,4	19,4
3	10,1	9,55	9,28	9,12	9,01	9,84	8,89	8,85	8,81
4	7,71	6,94	6,59	6,39	6,26	6,16	6,09	6,04	6,00
5	6,61	5,79	5,41	5,19	5,05	4,95	4,88	4,82	4,77
6	5,99	5,14	4,76	4,53	4,39	4,28	4,21	4,15	4,10
7	5,59	4,74	4,35	4,12	3,97	3,87	3,79	3,73	3,68
8	5,32	4,46	4,07	3,84	3,69	3,58	3,50	3,44	3,39
9	5,12	4,26	3,86	3,63	3,48	3,37	3,29	3,23	3,18
10	4,96	4,10	3,71	3,48	3,33	3,22	3,14	3,07	3,02
12	4,75	3,89	3,49	3,26	3,11	3,00	2,91	2,85	2,80
15	4,54	3,68	3,29	3,06	2,90	2,79	2,71	2,64	2,59
20	4,35	3,49	3,10	2,87	2,71	2,60	2,51	2,45	2,39
30	4,17	3,32	2,92	2,69	2,53	2,42	2,33	2,27	2,21
50	4,03	3,18	2,79	2,56	2,40	2,29	2,20	2,13	2,07
100	3,94	3,09	2,70	2,46	2,31	2,19	2,10	2,03	1,97
500	3,86	3,01	2,62	2,39	2,23	2,12	2,03	1,96	1,90
∞	3,84	3,00	2,60	2,37	2,21	2,10	2,01	1,94	1,88
ν_2 / ν_1	1	2	3	4	5	6	7	8	9

10	12	15	20	30	50	100	500	∞	ν_1 / ν_2
242	244	246	248	250	252	253	254	254	1
19,4	19,4	19,4	19,4	19,5	19,5	19,5	19,5	19,5	2
8,79	8,74	8,70	8,66	8,62	8,58	8,55	8,53	8,53	3
5,96	5,91	5,86	5,80	5,75	5,70	5,66	5,64	5,63	4
4,74	4,68	4,62	4,56	4,50	4,44	4,41	4,37	4,37	5
4,06	4,00	3,94	3,87	3,81	3,75	3,71	3,68	3,67	6
3,64	3,57	3,51	3,44	3,38	3,32	3,27	3,24	3,23	7
3,35	3,28	3,22	3,15	3,08	3,02	2,97	2,94	2,93	8
3,14	3,07	3,01	2,94	2,86	2,80	2,76	2,72	2,71	9
2,98	2,91	2,85	2,77	2,70	2,64	2,59	2,55	2,54	10
2,75	2,69	2,62	2,54	2,47	2,40	2,35	2,31	2,30	12
2,54	2,48	2,40	2,33	2,25	2,18	2,12	2,08	2,07	15
2,35	2,28	2,20	2,12	2,04	1,97	1,91	1,86	1,84	20
2,16	2,09	2,01	1,93	1,84	1,76	1,70	1,64	1,62	30
2,03	1,95	1,87	1,78	1,69	1,60	1,52	1,46	1,44	50
1,93	1,85	1,77	1,68	1,57	1,48	1,39	1,31	1,28	100
1,85	1,76	1,69	1,59	1,48	1,38	1,28	1,16	1,11	500
1,83	1,75	1,67	1,57	1,46	1,35	1,24	1,11	1,00	∞
10	12	15	20	30	50	100	500	∞	ν_1 / ν_2

Tabelle 21: Obere Schwellenwerte der F-Verteilung für $(1 - \alpha) = 0{,}95$ einseitig oder $(1 - \alpha/2) = 0{,}95$ zweiseitig in Abhängigkeit von den Freiheitsgraden ν_1 und ν_2

$F_{0,95}\,(8;\ 100) = 2{,}03;$

$$F_{0,05}\,(\nu_1;\ \nu_2) = \frac{1}{F_{0,95}\,(\nu_2;\ \nu_1)}$$

$$F_{0,05}\,(8;\ 100) = \frac{1}{F_{0,95}\,(100;\ 8)} = \frac{1}{2{,}97} = 0{,}337$$

ν_2 \ ν_1	1	2	3	4	5	6	7	8	9
1	648	800	864	900	922	937	948	957	963
2	38,5	39,0	39,2	39,2	39,3	39,3	39,4	39,4	39,4
3	17,4	16,0	15,4	15,1	14,9	14,7	14,6	14,5	14,5
4	12,2	10,6	9,98	9,60	9,36	9,20	9,07	8,98	8,90
5	10,0	8,43	7,76	7,39	7,15	6,98	6,85	6,76	6,68
6	8,81	7,26	6,60	6,23	5,99	5,82	5,70	5,60	5,52
7	8,07	6,54	5,89	5,52	5,29	5,12	4,99	4,90	4,82
8	7,57	6,06	5,42	5,05	4,82	4,65	4,53	4,43	4,36
9	7,21	5,71	5,08	4,72	4,48	4,32	4,20	4,10	4,03
10	6,94	5,46	4,83	4,47	4,24	4,07	3,95	3,85	3,78
12	6,55	5,10	4,47	4,12	3,89	3,73	3,61	3,51	3,44
15	6,20	4,76	4,15	3,80	3,58	3,41	3,29	3,29	3,12
20	5,87	4,46	3,86	3,51	3,29	3,13	3,01	2,91	2,84
30	5,57	4,18	3,59	3,25	3,03	2,87	2,75	2,65	2,57
50	5,34	3,98	3,39	3,06	2,83	2,67	2,55	2,46	2,38
100	5,18	3,83	3,25	2,92	2,70	2,54	2,42	2,32	2,24
500	5,05	3,72	3,14	2,81	2,59	2,43	2,31	2,22	2,14
∞	5,05	3,69	3,12	2,79	2,57	2,41	2,29	2,19	2,11
ν_2 / ν_1	1	2	3	4	5	6	7	8	9

10	12	15	20	30	50	100	500	∞	ν_1 \ ν_2
969	977	985	993	1001	1008	1013	1017	1018	1
39,4	39,4	39,4	39,4	39,5	39,5	39,5	39,5	39,5	2
14,4	14,3	14,3	14,2	14,1	14,0	14,0	13,9	13,9	3
8,34	8,75	8,66	8,56	8,46	8,38	8,32	8,27	8,26	4
6,62	6,52	6,43	6,33	6,23	6,14	6,08	6,03	6,02	5
5,46	5,37	5,27	5,17	5,07	4,98	4,92	4,86	4,85	6
4,76	4,67	4,57	4,47	4,36	4,28	4,21	4,16	4,14	7
4,30	4,20	4,10	4,00	3,89	3,81	3,74	3,68	3,67	8
3,96	3,87	3,77	3,67	3,56	3,47	3,40	3,35	3,33	9
3,72	3,62	3,52	3,42	3,31	3,22	3,15	3,09	3,08	10
3,37	3,28	3,18	3,07	2,96	2,87	2,80	2,74	2,72	12
3,06	2,96	2,86	2,76	2,64	2,55	2,47	2,41	2,40	15
2,77	2,68	2,57	2,46	2,35	2,25	2,17	2,10	2,09	20
2,51	2,41	2,31	2,20	2,07	1,97	1,88	1,81	1,79	30
2,32	2,22	2,11	1,99	1,87	1,75	1,66	1,57	1,55	50
2,18	2,08	1,97	1,85	1,71	1,59	1,48	1,38	1,35	100
2,07	1,97	1,86	1,74	1,60	1,46	1,34	1,19	1,14	500
2,05	1,94	1,83	1,71	1,57	1,43	1,30	1,13	1,00	∞
10	12	15	20	30	50	100	500	∞	ν_1 / ν_2

Tabelle 22: Obere Schwellenwerte der F-Verteilung für $(1 - \alpha) = 0{,}975$ einseitig oder $(1 - \alpha/2) = 0{,}975$ zweiseitig in Abhängigkeit von den Freiheitsgraden ν_1 und ν_2

$$F_{0,975}(8;\ 100) = 2{,}32$$

$$F_{0,025}(\nu_1;\ \nu_2) = \frac{1}{F_{0,975}(\nu_2;\ \nu_1)}$$

$$F_{0,025}(8;\ 100) = \frac{1}{F_{0,975}(100;\ 8)} = \frac{1}{3{,}74} = 0{,}267$$

$\nu_2 \backslash \nu_1$	1	2	3	4	5	6	7	8	9
1	4050	5000	5400	5630	5760	5860	5930	5980	6020
2	98,5	99,0	99,2	99,2	99,3	99,3	99,4	99,4	99,4
3	34,1	30,8	29,5	28,7	28,2	27,9	27,7	27,5	27,3
4	21,2	18,0	16,7	16,0	15,5	15,2	15,0	14,8	14,7
5	16,3	13,3	12,1	11,4	11,0	10,7	10,5	10,3	10,2
6	13,7	10,9	9,78	9,15	8,75	8,47	8,26	8,10	7,98
7	12,2	9,55	8,45	7,85	7,46	7,19	6,99	6,84	6,72
8	11,3	8,65	7,59	7,01	6,63	6,37	6,18	6,03	5,91
9	10,6	8,02	6,99	6,42	6,06	5,80	5,61	5,47	5,35
10	10,0	7,56	6,55	5,99	5,64	5,39	5,20	5,06	4,94
12	9,33	6,93	5,95	5,41	5,06	4,82	4,64	4,50	4,39
15	8,68	6,36	5,42	4,89	4,56	4,32	4,14	4,00	3,89
20	8,10	5,85	4,94	4,43	4,10	3,87	3,70	3,56	3,46
30	7,56	5,39	4,51	4,02	3,70	3,47	3,30	3,17	3,07
50	7,17	5,06	4,20	3,72	3,41	3,19	3,02	2,89	2,79
100	6,90	4,82	3,98	3,51	3,21	2,99	2,82	2,69	2,59
500	6,69	4,65	3,82	3,36	3,05	2,84	2,68	2,55	2,44
∞	6,63	4,61	3,78	3,32	3,02	2,80	2,64	2,51	2,41
$\nu_2 \backslash \nu_1$	1	2	3	4	5	6	7	8	9

Tabelle 23 : Obere Schwellenwerte der F-Verteilung für $(1 - \alpha) = 0{,}990$ einseitig oder $(1 - \alpha/2) = 0{,}990$ zweiseitig in Abhängigkeit von den Freiheitsgraden ν_1 und ν_2

10	12	15	20	30	50	100	500	∞	$\nu_1 \backslash \nu_2$
6060	6110	6160	6210	6260	6300	6330	6360	6370	1
99,4	99,4	99,4	99,4	99,5	99,5	99,5	99,5	99,5	2
27,2	27,1	26,9	26,7	26,5	26,4	26,2	26,1	26,1	3
14,5	14,4	14,2	14,0	13,8	13,7	13,6	13,5	13,5	4
10,1	9,89	9,72	9,55	9,38	9,24	9,13	9,04	9,02	5
7,87	7,72	7,56	7,40	7,23	7,09	6,99	6,90	6,88	6
6,62	6,47	6,31	6,16	5,99	5,86	5,75	5,67	5,65	7
5,81	5,67	5,52	5,36	5,20	5,07	4,96	4,88	4,86	8
5,26	5,11	4,96	4,81	4,65	4,52	4,42	4,33	4,31	9
4,85	4,71	4,56	4,41	4,25	4,12	4,01	3,93	3,91	10
4,30	4,16	4,01	3,86	3,70	3,57	3,47	3,38	3,36	12
3,80	3,67	3,52	3,37	3,21	3,08	2,98	2,89	2,87	15
3,37	3,23	3,08	2,94	2,78	2,64	2,54	2,44	2,42	20
2,98	2,84	2,70	2,55	2,39	2,25	2,13	2,03	2,01	30
2,70	2,56	2,42	2,27	2,10	1,95	1,82	1,71	1,68	50
2,50	2,37	2,22	2,07	1,89	1,73	1,60	1,47	1,43	100
2,36	2,22	2,07	1,92	1,74	1,56	1,41	1,23	1,16	500
2,32	2,18	2,04	1,88	1,70	1,52	1,36	1,15	1,00	∞
10	12	15	20	30	50	100	500	∞	$\nu_1 \backslash \nu_2$

$F_{0,990}(8;\ 100) = 2{,}69$

$$F_{0,010}(\nu_1;\ \nu_2) = \frac{1}{F_{0,990}(\nu_2;\ \nu_1)} \ ;$$

$$F_{0.010}(8;\ 100) = \frac{1}{F_{0,990}(100;\ 8)} = \frac{1}{4{,}96} = 0{,}202$$

ν_2 \ ν_1	1	2	3	4	5	6	7	8	9
1	16200	20000	21600	22500	23000	23400	23700	23900	24100
2	198	199	199	119	199	199	199	199	199
3	55,6	49,8	47,5	46,2	45,4	44,8	44,4	44,1	43,9
4	31,3	26,3	24,3	23,2	22,5	22,0	21,6	21,4	21,1
5	22,8	18,3	16,5	15,6	14,9	14,5	14,2	14,0	13,8
6	18,6	14,5	12,9	12,0	11,5	11,1	10,8	10,6	10,4
7	16,2	12,4	10,9	10,0	9,52	9,16	8,89	8,68	8,51
8	14,7	11,0	9,60	8,81	8,30	7,95	7,69	7,50	7,34
9	13,6	10,1	8,72	7,96	7,47	7,13	6,88	6,69	6,54
10	12,8	9,43	8,08	7,34	6,87	6,54	6,30	6,12	5,97
12	11,8	8,51	7,23	6,52	6,07	5,76	5,52	5,35	5,20
15	10,8	7,70	6,48	5,80	5,37	5,07	4,85	4,67	4,54
20	9,94	6,99	5,82	5,17	4,76	4,47	4,26	4,09	3,96
30	9,18	6,35	5,24	4,62	4,23	3,95	3,74	3,58	3,45
50	8,63	5,90	4,83	4,23	3,85	3,58	3,38	3,22	3,09
100	8,24	5,59	4,54	3,96	3,59	3,33	3,13	2,97	2,85
500	7,95	5,36	4,33	3,76	3,40	3,14	2,94	2,79	2,66
∞	7,88	5,30	4,28	3,72	3,35	3,09	2,90	2,74	2,62
ν_2 \ ν_1	1	2	3	4	5	6	7	8	9

Tabelle 24: Obere Schwellenwerte der F-Verteilung für $(1 - \alpha) = 0{,}995$ einseitig oder $(1 - \alpha/2) = 0{,}995$ zweiseitig in Abhängigkeit von den Freiheitsgraden ν_1 und ν_2

10	12	15	20	30	50	100	500	∞	ν_1 / ν_2
24200	24400	24600	24800	25000	25200	25300	25400	25500	1
199	199	199	199	199	199	199	200	200	2
43,7	43,4	43,1	42,8	42,5	42,2	42,0	41,9	41,8	3
21,0	20,7	20,4	20,2	19,9	19,7	19,5	19,4	19,3	4
13,6	13,4	13,1	12,9	12,7	12,5	12,3	12,2	12,1	5
10,2	10,0	9,81	9,59	9,36	9,17	9,03	8,9	8,88	6
8,38	8,18	7,97	7,75	7,53	7,35	7,22	7,10	7,08	7
7,21	7,01	6,81	6,61	6,40	6,22	6,09	5,98	5,95	8
6,42	6,23	6,03	5,83	5,62	5,45	5,32	5,21	5,19	9
5,85	5,66	5,47	5,27	5,07	4,90	4,77	4,67	4,64	10
5,09	4,91	4,72	4,53	4,33	4,17	4,04	3,93	3,90	12
4,42	4,25	4,07	3,88	3,69	3,52	3,39	3,29	3,26	15
3,85	3,68	3,50	3,32	3,12	2,96	2,83	2,72	2,69	20
3,34	3,18	3,01	2,82	2,63	2,46	2,32	2,21	2,18	30
2,99	2,82	2,65	2,47	2,27	2,10	1,95	1,82	1,79	50
2,74	2,58	2,41	2,23	2,02	1,84	1,68	1,53	1,49	100
2,56	2,40	2,23	2,04	1,84	1,64	1,46	1,26	1,18	500
2,52	2,36	2,19	2,00	1,79	1,59	1,40	1,17	1,00	∞
10	12	15	20	30	50	100	500	∞	ν_2 / ν_1

$$F_{0,995}(8;\ 199) = 2{,}97$$

$$F_{0,005}(\nu_1;\ \nu_2) = \frac{1}{F_{0,995}(\nu_2;\ \nu_1)}\ ;$$

$$F_{0,005}(8;100) = \frac{1}{F_{0,995}(100;\ 8)} = \frac{1}{6{,}09} = 0{,}164$$

Stichwortverzeichnis

R. Demmig

DIFFERENTIALRECHNUNG

Repetitorium Höhere Mathematik, Teil 1

28. Auflage 1984, DIN A 5, 150 Seiten, 172 Abbildungen

ISBN 3-921092-45-0 DM 17,80

Inhalt: *Einführung – Differenzieren* – Anwendung der Differentialrechnung auf Konkavität und Konvexität – Maxima und Minima – Wendepunkte – Tangente – Normale – Krümmungskreis – Differentialreihen von Mac Laurin und Taylor – Logarithmische Reihen.

R. Demmig und G. Demmig

INTEGRALRECHNUNG

Repetitorium Höhere Mathematik, Teil 2

27. Auflage 1982, DIN A 5, 144 Seiten, 68 Abbildungen

ISBN 3-921092-49-3 DM 24,50

Nach einer ausführlichen Einführung in die Integralrechnung behandelt das Buch die unbestimmten und bestimmten Integrale in allen Variationen mit sämtlichen Lösungsmethoden. Neben der geometrischen Bedeutung des Differentials wird auch das graphische Integrieren behandelt. Der Schwerpunkt des Buches liegt in der Anwendung der Integralrechnung. Neben vollständig durchgerechneten Beispielen sind auch Übungsaufgaben mit Ergebnissen und Zusammenstellung der Grundintegrale vorhanden.

R. Demmig und G. Demmig

DIFFERENTIALGLEICHUNGEN

Repetitorium Höhere Mathematik, Teil 3

18. Auflage 1984, DIN A 5, 168 Seiten, 25 Abbildungen, 130 Beispiele

ISBN 3-921092-47-7 DM 17,80

In vier Kapiteln enthält das Demmig-Buch die wichtigsten Arten und Methoden der Differentialgleichungen 1. und 2. Ordnung und behandelt darauf aufbauend die linearen Differentialgleichungen höherer Ordnung.

Auf die mechanischen und elektrischen Schwingungen und die Schwingungsdifferentialgleichungen wird ausführlich eingegangen.